LUFTKISSEN-FAHRZEUGE

WELTWEIT

Horst W. Laumanns

Motor buch Verlag

Einbandgestaltung: Frank Zähringer

Für
Anita, Dirk, Robin

ISBN 978-3-613-04355-8

1. Auflage 2021

Sie finden uns im Internet unter
www.motorbuch-verlag.de

Lektorat: Alexander Burden
Innengestaltung: Günther Nord, 69434 Heddesbach
Druck und Bindung: Conzella, 85609 Aschheim-Dornach
Printed in Germany

INHALT

Teppich von Bayeux (auch »Wandteppich von Bayeux« oder »Bildteppich der Königin Mathilda« genannt) um 1070, Ausschnitt. In 58 Einzelszenen zeigt die Stickarbeit die Eroberung Englands durch den Normannenherzog Wilhelm der Eroberer. Dieses Bilddenkmal des Hochmittelalters dokumentiert unter anderem die Anlandung des normannischen Heeres an der englischen Südküste am 28. September 1066.
(Centre Guillaume le Conquérant, Bayeux, Normandie/Frankreich)

19

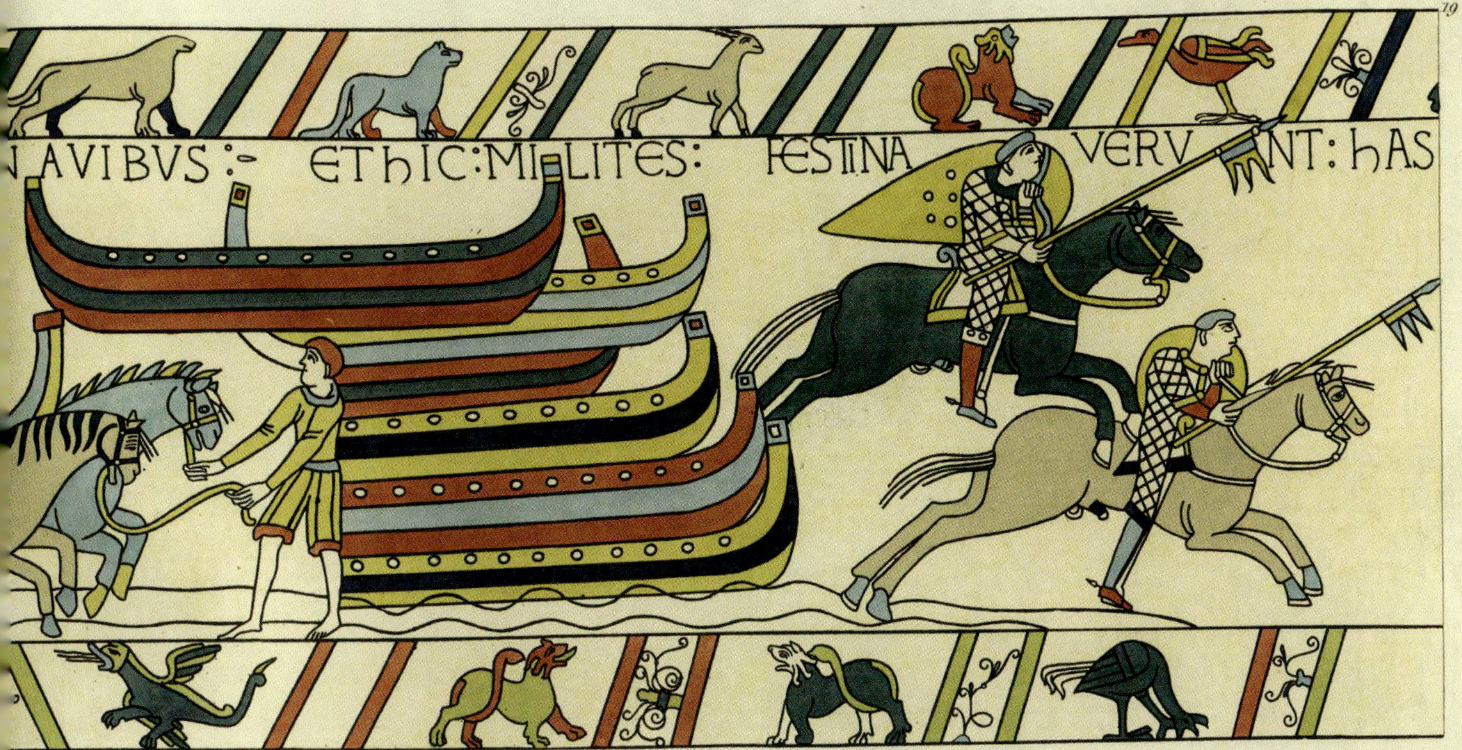
AVIBVS:-
ETHIC:MILITES:
FESTINA
VERV NT:HAS

20

T:VVAD AR D:
HIC:COQVI
TVR:CARO
ETHIC:MINISTRAVER
MINIST

Knapp über Wasser fliegender, den Bodeneffekt nutzender Braunpelikan. © Frank Schulenburg

Viermotoriger »Superwal« Do R knapp über der Wasseroberfläche fliegend – schnell und vor allem wirtschaftlich! Superwale waren die ersten großen, von Dornier in Deutschland gebauten Flugboote. Zunächst zweimotorig, wurden spätere Ausführungen von vier, in zwei Tandem-Triebwerksgondeln installierten Motoren angetrieben. © Airbus Corporate Heritage

Arabisches Meer, 29. März 2013.
Luftkissen-Landungsboote der US Navy in Formation mit den Docklandungsschiffen USS Green Bay (LPD-20) und USS Rushmore (LSD-47)
© Cpl Bobby Gonzalez

Ankunft der Hovertravel-Fähre »Freedom 90« in Southsea (Portsmouth) nach Überquerung des Ärmelkanals. © Peter Trimming

VORWORT

Startend mit dem Phänomen des Bodeneffekts, spannt mein Buch einen Bogen vom Verhalten großer Vögel, über frühe Theorien und praktische Erfahrungen im Ersten Weltkrieg, über die Südatlantik-Dienste der Luft Hansa und ihre Wal-Flugboote in den 1930er Jahren, bis hin zu den kommerziell und militärisch betriebenen Luftkissen- und Bodeneffektfahrzeugen unserer Zeit.

Ein Luftkissenfahrzeuge (Engl.: Hovercraft) besitzt die bemerkenswerte Eigenschaft, in geringem Abstand über einer Boden- oder Wasserfläche durch ein Luftkissen in der Schwebe gehalten zu werden und »fliegend fahren« zu können. Diese Technik bietet vielfältige zivile und militärische Einsatzmöglichkeiten. Ihren hohen Wert beweisen Luftkissenfahrzeuge auch bei humanitären Einsätzen und bei Katastrophenhilfen, wenn zivile Infrastrukturen beispielsweise durch Überschwemmungen und/oder Fluss-Hochwasser zerstört sind.

Als erster hatte der Brite John I. Thornycroft die Idee zu einem Luftkissenfahrzeug, beließ es aber bei der Anmeldung zu einem Patent 1877. Auch frühe praktische Versuche – beispielsweise 1915/16 in Österreich – blieben letztendlich erfolglos.

Erst in den 1950er und 1960er Jahren erscheinen serienreife Modelle namens »Hovercraft«, die allgemein mit dem Namen des Engländers Christopher S. Cockerell verbunden sind. Anfangs noch spöttisch als »fliegende Untertassen« belächelt, revolutioniert Cockerells futuristische Konstruktion zunächst den Fährbetrieb auf dem Ärmelkanal zwischen England und Frankreich und findet Eingang in die militärischen Arsenale zahlreicher Streitkräfte.

Eingehend behandele ich auch die monströsen sowjetischen Ekranoplane aus den Jahren des Kalten Krieges und erwähne auch die sportlich genutzten Hovercraft. Als wissenschaftliche »Transporter« haben Luftkissenfahrzeuge sogar die reißenden Flüsse des Himalaja befahren.

Ich erbitte Verständnis dafür, dass in diesem Buch unmöglich alle kommerziellen und militärischen Hovercraft-Projekte dargestellt werden können und ich auch darauf verzichten musste, beispielsweise die in Frankreich und Großbritannien konzipierten Luftkissen-Züge Aérotrain beziehungsweise Hovertrain sowie luftkissengestützte Schlitten, Wagenheber, Rasenmäher oder die zum innerbetrieblichen Transport schwerer Lasten genutzten Luftgleitkissensysteme darzustellen – es hätte den Rahmen dieses Buches gesprengt!

Ich hoffe dennoch, mit dem Blick auf diese speziellen Fahrzeuge – Schiffe? Flugzeuge? – Freude und Interesse wecken zu können.

Horst W. Laumanns

Insel Jolo (Philippinen). Luftkissen-Landungsfahrzeug LCAC 090 der US Navy nimmt schweres Gerät auf zum Transport an Bord des Docklandungschiffes USS Harpers Ferry.
© US Navy, Journalist 2nd Class Brian P. Biller

U.S. NAVY

Ein Wal wird per Wippkran an Bord des Flugstützpunktes »Schwabenland« eingeholt. Hinweis: Die Piloten (Erster Führer, Zweiter Führer) mussten sowohl die Pilotenlizenz als auch das Kapitänspatent besitzen.
© Bildarchiv Deutsche Lufthansa, FRA CI/C

CLAUDE DORNIER – WALE IM FLUGDIENST

Alle die Projekte darzustellen oder nur zu erwähnen, an denen Claude Dornier maßgeblich beteiligt war beziehungsweise von ihm gestaltet und gefertigt wurden, würde den Rahmen dieses Buches sprengen. Zweifellos beginnt Dorniers industrieller Aufstieg und seine weltweite Anerkennung als Konstrukteur mit seinen Wal-Flugbooten. Denn: Keine Konstruktion hat die Flugbootentwicklung in den 1920er und frühen 1930er Jahren stärker beeinflusst als diese »fliegenden Schiffe«. Dem Wal verdankt Claude Dornier seinen industriellen Aufstieg, wie er selbst einmal betonte: »Der Wal hat die Firma Dornier von einer kleinen Versuchsfirma zu einem international bekannten Unternehmen gemacht.«

Als der Mensch in einem großen Drachen oder unter künstliche Flügel geschnallt, die ersten Luftsprünge von Hügeln wagte, fühlte er, wie die Luft seinen Schwingen zur Stütze wurde und ihn wie auf einem Luftkissen schweben ließ. Dieses Schweben beruht auf dem physikalischen (natürlichen) Phänomen des Bodeneffektes und seiner aerodynamisch-technischen Nutzung in der Luftfahrt.

Wie der deutsche Ingenieur und Gleitflugzeugbauer Otto Lilienthal (* 23. Mai 1848 Anklam, † 9. Aug. 1896 Lichterfelde) in seinem 1889 veröffentlichten Buch »Der Vogelflug als Grundlage der Fliegekunst – Ein Beitrag zur Systematik der Flugtechnik« darlegt, beruhen die Erkenntnisse aller frühen Flugpioniere primär auf Beobachtungen des Vogelfluges. Sie erkennen, dass Vögel mit großer Flügelspannweite (beispielsweise Höckerschwäne, Kormorane, Pelikane) oft tief über Erdboden oder Wasserflächen fliegend, den kräftesparenden Bodeneffekt nutzen.

Das Phänomen des Bodeneffekts bewirkt eine effektive Auftriebserhöhung der Effizienz des Flügels beziehungsweise der Tragfläche, sobald sie sich dem festem Untergrund oder einer Wasserfläche annähern – und es entsteht das »tragende Luftkissen«. Großen Vögeln ist unbewusst (natürlich), Piloten technisch-wissenschaftlich bekannt, dass sich beim Fliegen in unmittelbarer Bodennähe sowie über Wasserflächen eine deutliche Verringerung des aerodynamischen Vortriebswiderstands (bis zu 70 Prozent!) ergibt und sich folglich die Auftriebskraft verstärkt und die Reichweite vergrößert.

Dipl.-Ing. Claude Dornier etwa 1950 (* 14. Mai 1884 in Kempten, † 5. Dez. 1969 in Zug/Schweiz)
© Airbus Corporate Heritage

Die Vorzüge des Bodeneffekts sind zu Beginn des 20. Jahrhunderts kein Geheimnis. Gleichwohl wird dieses Phänomen erstmals in Deutschland praktisch genutzt. Angeregt von Graf Zeppelin, konstruiert Dipl.-Ing. Claude Dornier, seit 1910 im Zeppelin-Werk tätig, bereits im Ersten Weltkrieg die Riesenflugboote Rs I bis Rs IV sowie das zweimotorige Flugboot Gs I.

Erhalten gebliebene Projektzeichnungen des Gs I sind auf den August 1918 datiert. Zu diesem Zeitpunkt wurde auch mit der Konstruktion und Fertigung der Einzelteile begonnen. Das Gs I zeigt bereits die typischen Wal-Strukturen: abgestrebter Hochdecker in Metallbauweise; Motoren mit Zug- beziehungsweise Druckpropeller in Tandemgondel auf dem Flügel; hoch über dem Spritzwasserbereich aufgesetztes Leitwerk, Rumpfboot mit Dornier-Flossenstummeln. Dorniers Flossenstummel (links/rechts oberhalb der Wasserlinie aus dem Rumpfboot herausragende, tragflächenähnliche, profilierte Hohlkörper) verbessern die seitliche Schwimmstabilität eines Flugbootes.

Gemäß den Waffenstillstandsbedingungen mussten in Deutschland bei Kriegsende alle Arbeiten an militärischen Geräten eingestellt werden. Dies hatte zur Folge, dass die Großteil der Belegschaft des Zeppelin-Werks entlassen werden musste. Während die verbliebenen Mitarbeiter das Werk auf zivile Fertigung um stellten, wurde das Konstruktionsbüro bis auf einen kleinen Stamm komplett aufgelöst. Mit dieser kleinen »Stammbesatzung« wurde teils in deren Privatwohnungen heimlich weiter konstruiert und das Projekt behelfsmäßig auf eine zivile Verwendung als Verkehrsflugboot Gs I (sechs Passagiersitzen quer zur Flugrichtung) umgestellt. Belegt ist, dass der Pilot Weiß am 31. Juli 1919 den ersten Startversuch auf dem Bodensee unternahm. Die Flugleistungen sowie die Rollversuche auf dem Wasser – speziell beim Starten (Abwassern) und Aufsetzen (Anwassern) – wurden als sehr gut beurteilt. Die Konstruktion zeigte sich robust, witterungsfest und seetüchtig und so überlässt Claude Dornier das Gs I von Anfang Oktober bis etwa Mitte Dezember 1919 der jungen schweizerischen Luftverkehrsgesellschaft Ad Astra zur weiteren Erprobung auf dem Zürichsee und für Rundflüge. Dorniers Hoffnungen auf Geschäftsbeziehungen erfüllen sich nicht und auch Vorführungen des Gs I in den Niederlanden sind erfolglos. Und schließlich wird auch das Gs I von den Waffenstillstandsbedingungen eingeholt: Unterwegs zu einer Präsentation in Schweden in Kiel gelandet, befürchtet die Besatzung, dass ihr Flugboot dort von den Siegermächten beschlagnahmt werden wird und versenkt das Gs I am 25. April 1920 in der Ostsee.

Rückblickend erweist sich das Gs I als Ausgangsmuster der späteren weltberühmten Wal-Familie. Gestützt auf die mit dem Gs I gewonnenen Erkenntnisse, entwickelt und fertigt Claude Dornier in immer wieder verbesserter Form eine vielseitig verwendbare Flugboot-Konfiguration. Abhängig von den Einsatzgebieten der Wale, bietet ihre geräumige Kabine Raum für Post, Fracht oder Passagiere. Bedingt durch die Bestimmungen des am 10. Januar 1920 in Kraft getretenen Versailler Vertrags war in Deutschland erst ab Mai 1922 ein eingeschränkter ziviler Flugzeugbau wieder erlaubt. So durfte ein deutsches Flugzeug mit einer auf maximal 600 kg beschränkten Nutzlast nicht schneller als 170 km/h und nicht weiter als 300 Kilometer fliegen können. Männer wie Claude Dornier können solche Beschränkungen unmöglich hinnehmen. Befürchtend, dass ein gedeihlicher Flugzeugbau in Deutschland auf absehbare Zeit unmöglich sein wird, verlagert er seine Aktivitäten zunächst in die Schweiz und gründet schließlich 1921 im italienischen Marina di Pisa die deutsch-italienische Lizenzfirma Società Construzioni Meccaniche di Pisa. Dort realisiert Dornier auch sein erstes Wal-Flugboot (Erstflug 6. November 1922). In den Jahren 1924 bis 1926 gründet Dornier weitere Lizenzfirmen in Japan, Spanien, den Niederlanden und in der Schweiz.

Von 1926 bis 1932 glücken Dorniers Flugbooten zahlreiche internationale Nutzlastrekordflüge und bezwingen mehrmals die Weltmeere. Als die Wal-Serienfertigung Mitte der 1930er Jahre endet, sind rund 300 Wale gefertigt worden.

Die Darstellung aller zunächst im Ausland und schließlich ab 1933 wieder in Dorniers Stammwerk Friedrichshafen gefertigten Wal-Familienmitglieder würde den Umfang dieses Buch sprengen. Der Autor behandelt deshalb primär die von der Deutschen Lufthansa in den 1930er Jahren auf dem Südatlantik betriebenen hochseefähigen Atlantikflugboote Do-J IIf Bos, bekannt als 10-Tonnen-Wale. Die »Do-J«-Bezeichnung stammt nicht aus dem Hause Dornier, sondern wurde Anfang der 1930er Jahre von der DVL (Deutsche Versuchsanstalt für Luftfahrt) vergeben. Erstflug des 10-Tonnen-Wals: 3. Mai 1933.

Diese beiden Fotos entstanden vermutlich beim ersten Startversuch des Gs I am 31. Juli 1919 auf dem Bodensee. Mit dem Aufschleppwagen ins Wasser bugsiert, wurden seine Flugleistungen und die Rolleigenschaften auf dem Wasser sehr gut beurteilt. Das Gs I war seiner Zeit weit voraus! So wurden Dornier beispielsweise die Flossenstummel in Deutschland bereits am 15. November 1917 patentiert. © Airbus Corporate Heritage

29. Mai 1933, Wesermündung bei Bremerhaven. Im Rahmen der praktischen Erprobung des Flugstützpunktes »Westfalen« glückt der erste Schleuderstart eines Wal (»Monsun« D-2069). Die »Westfalen« als erster Ozean-Flugstützpunkt entsteht durch den Umbau dieses von der Luft Hansa zunächst gecharterten Frachtdampfers. Die »Westfalen« (Baujahr 1925) hat 40 Mann Besatzung, 5367 BRT, Maschinenleistung 1 x 2750 PS, größte Länge 124,80 m, größte Breite 16,08 m, Seitenhöhe 9,37 m, Geschwindigkeit 11 Knoten.

WALE ÜBERBRÜCKEN DEN SÜDATLANTIK

Der Brückenschlag über den Südatlantik, die rund 14.000 km lange Poststrecke von Deutschland nach den deutschfreundlichen Ländern Südamerikas, ist von Anfang an eines der erklärten Ziele der 1926 gegründeten Deutschen Luft Hansa (seit 1933 Deutsche Lufthansa). Es ist ein Vorstoß in fliegerisches Neuland – mit unzähligen meteorologischen, navigatorischen und technischen Problemen. Zwar stehen mit den Walen leistungsfähige Flugboote bereit. Es müssen aber auch schwimmende Versorgungsstützpunkte ausgerüstet und auf beiden Seiten des Südatlantik Bodenstützpunkte aufgebaut werden.

Am 1. Juli 1932 chartert Luft Hansa vom Norddeutschen Lloyd den Frachtdampfer »Westfalen« und lässt ihn schrittweise zum schwimmenden Flugstützpunkt (Wal-Fang- und -Schleuderschiff) für den Südatlantik ausbauen. Er erhält eine von Heinkel entwickelte Großflugzeug-Schleuderanlage, einen Heckkran und ein Schleppsegel.
Im Rahmen der Erprobung der »Westfalen« erfolgt am 29. Mai 1933 der erste Schleuderstart eines 8-Tonnen-Wals mit Großkatapult »K-6« (zugelassen für den Abschuss von Fluggewichten von 14 Tonnen) in Bremerhaven.
Nach geduldiger und oft auch abenteuerlicher Pionierarbeit glückt am 3. Februar 1934 der erste planmäßige Flug von Deutschland nach Südamerika über die Route Berlin – Stuttgart – Sevilla – Bathurst – Natal – Rio de Janeiro –

Führerstand eines Dornier Wal (um 1934) © Bildarchiv Deutsche Lufthansa, FRA CI/C

Dornier 10-Tonnen-Wal »Taifun« D-AKER (D-2399) um 1933 © Bildarchiv Deutsche Lufthansa, FRA CI/C

Buenos Aires (die eigentliche Transozean-Strecke beginnt in Stuttgart, ab 19. April 1936 in Frankfurt/Main). Planmäßige Beförderungsdauer auf der 14.000 Kilometer langen Strecke: vier bis fünf Tage.

Der anfänglich 14tägige Dienst wird im Juli 1934 auf eine wöchentliche Verbindung verdichtet. Nun setzt Lufthansa weiterentwickelte 10-Tonnen-Wale ein und kauft und betreibt als ihr zweites Katapultschiff die »Schwabenland« (vormals M. S. Schwarzenfels). Durch den Einsatz der beiden Flugstützpunkte wird der Transatlantikdienst auf dem Ozeanabschnitt zwischen Bathurst (British-Gambia, seit 1973 als Banjul Hauptstadt des westafrikanischen Staates Gambia) und Natal (Brasilien) umgestellt. In den ersten Monaten starten die Flugboote vom Wasser, fliegen zur »Westfalen«, werden an Bord genommen und zum Weiterflug abgeschossen. Diese Unterteilung der Strecke ist dank der vergrößerten Reichweite der 10-Tonnen-Wale allerdings nicht mehr notwendig. Nun liegt je ein Schiff vor der westafrikanischen und der südamerikanischen Küste. Ab 30. März 1935 wird auf der Südatlantikstrecke auch nachts geflogen und die Postlaufzeit zwischen Deutschland und Rio de Janeiro (Brasilien) auf drei, zwischen Deutschland und Buenos Aires (Argentinien) auf dreieinhalb Tage verkürzt. Bereits am 25. August dieses Jahres wird der 100. planmäßige Lufthansa-Postflug über den Südatlantik verzeichnet.

Dank Dorniers leistungsstarken und zuverlässigen Walen schafft Lufthansa ein gut funktionierendes Luftpostsystem zwischen Südamerika und Deutschland. Ein System, das alle wichtigen Länder Südamerikas mit den Metropolen Europas verband. Erst der Zweite Weltkrieg unterband diese positive Entwicklung.

Gewassert neben der »Westfalen«, rollt der Wal an das am Heck des Schiffes ausgelegte Schleppsegel heran. Das Schleppsegel besteht aus Segeltuch, das durch querliegende Balken gespannt ist. An der Unterseite sind in Fahrtrichtung offene Taschen angeordnet. Rollt das Flugboot nach der Wasserung bei geringer Geschwindigkeit des Schiffes auf das Segel, so wird es, sobald das Schiff seine Fahrt erhöht, steif gesetzt, hebt das Flugboot aus dem Wasser und kann per Spezialkran (Wippkran) an Bord hieven. © Bildarchiv Deutsche Lufthansa, FRA CI/C

Per Wippkran (Hubleistung 15 t) eingeholt, wird der Wal an Bord auf den 1,7 t schweren Startschlitten abgesetzt und über die Zuführbahn zum starr eingebauten Katapult (Gesamtlänge 41,84 m) geführt.

Nach Betankung und Wartung ist der Wal klar zum Schleuderstart. Die Beschleunigungsbahn des Katapults ist 31,60 m lang. Sein hohes Leistungsvermögen (Betr.-Druck atü: 160) beschleunigt den zu startenden Wal auf 150 km/h Abhebegeschwindigkeit; größte Beschleunigung: 3,5 g.
© Bildarchiv Deutsche Lufthansa, FRA CI/C

Seit dem ersten planmäßigen Postflug 1934 überqueren die Flugboote der Lufthansa 481mal den Südatlantik und befördern unter dem Slogan »Briefe fliegen über den Ozean« insgesamt rund vier Millionen Luftpostbriefe (»Leichtbriefe«; Gebühr 1,75 Reichsmark je 5 Gramm)!

»TORNADO« VERSCHOLLEN

Natürlich nutzen die Postflugboote der Lufthansa bei der Überquerung des Südatlantiks das Luftkissen des Bodeneffekts. Tief über den Wellen fliegend, operieren sie zwar wirtschaftlich günstig (geringer Treibstoffverbrauch, große Reichweite), aber auch gefährlich. Denn in nur rund fünf bis zehn Meter Höhe fliegend, genügt die kleinste technische Panne und/oder eine Unaufmerksamkeit der Besatzung, um ein Flugboot unkontrolliert auf die Wasserfläche aufschlagen und zerschellen zu lassen. Denn der Wal, was in der Fachliteratur nur selten erwähnt wird, ist instabil und schwer zu fliegen und es spricht für die technische Zuverlässigkeit aller sechs von Lufthansa auf der planmäßigen Poststrecke nach/von Südamerika betriebenen 10-Tonnen-Wale und das Können ihrer Besatzungen, das vom ersten planmäßigen Postflug 1934 bis zum Kriegsausbruch 1939 nur der Wal »Tornado« (D-ADYS; Do-J IIf Bos) verloren geht.

Es geschieht in der Nacht vom 14. auf den 15. Februar 1936. Von Rio de Janeiro kommend, ist »Tornado« gemäß den Aufzeichnungen der Deutschen Lufthansa in Fernando de Noronha (brasilianische Inselgruppe, etwa 350 km östlich des brasilianischen Festlandes) zwischengelandet. Dort am 14. Februar um 18.18 Uhr von Bord der »Westfalen« katapultgestartet, bricht die Funkverbindung nach einem Flug von 1434 Kilometern nach 9 Stunden 34 Minuten am 15. Februar um 3.52 Uhr ab.

Seitdem sind das Flugboot und seine Besatzung (Erster Führer: Bielenstein, Zweiter Führer: Scheffler, Maschinist: Wittmann, Funker: Conrad) verschollen.

Gemäß offiziellen Mitteilungen flog »Tornado« zum Zeitpunkt des Unfalls mit rund 200 km/h in etwa drei bis fünf Meter Höhe über dem Meeresspiegel.

Am 20. Februar 1936 informiert die Bezirksleitung Süd-Atlantik (Sitz in Las Palmas de Gran Canaria) der Deutschen Lufthansa mit einem Verteiler an alle Flugbesatzungen und Flugleitungen:

»Nachdem das Suchen nach dem vermissten Flugzeug D-ADYS »Tornado«, Besatzung Bielenstein, Scheffler, Wittmann, Conrad, als ergebnislos angesehen werden muss, danken wir allen am Suchen beteiligten Stellen insbesondere den Besatzungen der Schiffe Westfalen und Schwabenland und der Flugzeuge Mistral, Boreas und Samun (Hinweis des Autors: 10-Tonnen-Wale) für ihre ausdauernde und gewissenhafte Sucharbeit. Auch die Ausdauer und treue Unterstützung im Suchen von Seiten der Airfrance sowie der Dampfer … ferner aller Küsten- und Flugfunkstellen, insbesondere Gando, Hamburg, Dakar und Bathurst und vieler anderer ist hoch und dankbar anzuerkennen.

Unsere lieben Kameraden vom Tornado, die in der Ausübung unseres Berufes in treuer Pflichterfüllung ihr Leben lassen mussten, wollen wir hoch in Ehren halten.

Bezirksleitung Süd-Atlantik
gez. Bertram«

	Verkehrsflugboot Gs I	Atlantikflugboot »Tornado« D-ADYS
Besatzung	2	4
Motoren je 2 x	Maybach Mb IVa	BMW VI U
Motorleistung je 2 x	260 PS	690 PS
Spannweite (m)	21,00	27,20
Länge (m)	15,30	18,30
Höhe (m)	kA	5,20
Flügelfläche (m^2)	kA	112
Massen (kg)	Flugmasse 4315	Abflugmasse Schleuderstart 10.000, Wasserstart 8600
Höchstgeschwindigkeit (km/h)	170	220
Reisegeschwindigkeit (km/h)	kA	190
Reichweite bei Windstille (km)	kA	3000
Treibstoffkapazität (Liter)	kA	4700
Gipfelhöhe (m)	kA	3500

In der Bucht von Botafogo (Rio de Janeiro/Brasilien, am Fuße des Zuckerhuts): »Tornado« auf der Zuführbahn des Katapults; vermutlich an Bord des Flugstützpunktes »Westfalen«.

Schleuderstart des »Tornado« auf dem Südatlantik
© Airbus Corporate Heritage

Dornier Do X mit Schriftzug »LUFT HANSA« (um 1933). Auch dieses riesige Flugschiff nutzte die Vorzüge des Bodeneffekts.
Seltenes Foto: Gemäß einer Anordnung des Reichsluftfahrtministeriums wurde die Do X nicht in den Passagierdienst übernommen.
© Bildarchiv Deutsche Lufthansa, FRA CI/C

DO X – ERSTES & GRÖSSTES VERKEHRSFLUGSCHIFF DER WELT

Claude Dorniers Vorliebe für große Flugzeuge offenbart sich in extremer Form bei seinem Modell X, an dem er seit 1926 arbeitete. Dieses Monster ist die allergrößte Wal-Version überhaupt und – man mag es kaum glauben – auch bei diesem Flugschiff nutzt Claude Dornier die Vorzüge des Bodeneffekts.

Die jeweils sechs Zug- und Druckpropeller werden zunächst von zwölf luftgekühlten Siemens-Jupiter-Motoren (12 x 353 kW/480 PS) angetrieben. Mit ihnen absolviert das Do X am 12. Juli 1929 seine ersten Rollversuche auf dem Bodensee und startet drei Tage später zum Jungfernflug. Seine enormen Flugfähigkeiten demonstriert dieses weltgrößte Flugschiff gut ein Vierteljahr später am 21. Oktober mit zehn Mann Besatzung und 150 zahlenden (und neun »blinden«) Fluggästen und stellt damit einen länger als zwei Jahrzehnte gültigen Rekord auf. Mit der Kennung des Flugschiffes (D-1929) verweist Dornier bewusst auf das Baujahr.

Um das angestrebte Startgewicht von bis zu 56 Tonnen zu erreichen, wird Do X im Sommer 1930 auf leistungsstärkere, wassergekühlte amerikanische Motoren des Typs Curtiss »Conqueror« umgerüstet. Unter dem Kommando von Kapitän Christiansen verlässt Do X am 5. November 1930 zum ersten Mal den Bodensee.

Do X3 »Alessandro Guidoni«, I-ABBN, wurde am 13. Mai 1932 im Wasserflughafen Cadimare (La Spezia) von den italienischen Streitkräften übernommen. Wie ihr Schwesterflugboot Do X2 »Umberto Maddalena«, I-REDI, (fertiggestellt 1931) wurde die Do X3 in Versuchs-, Rund-, Schulungs- und Transportflügen eingesetzt. Die enormen Abmessungen und mangelhaften Eigenschaften (!) ließen den italienischen Streitkräften einen breiten militärischen Einsatz jedoch nicht ratsam erscheinen, weshalb beide Flugboote 1935 zerstört wurden. Angetrieben wurden die beiden »Italiener« von zwölf 520-PS-Motoren des Typs Fiat A.22. Die Abmessungen waren identisch mit der deutschen Do X »D-1929«.
© Airbus Corporate Heritage

27. August 1931: Ankunft der Do X auf ihrem »Weltflug« in New York City/USA. Als »Leviathan of the Air« begeistert begrüßt, wird die Besatzung sogar von Präsident Hoover empfangen. Das Flugschiff überwintert auf dem auch für Flugboote eingerichteten Glenn H. Curtiss Airport (heute LaGuardia Airport) und startet am 19. Mai 1932 zum fünftägigen Rückflug nach Berlin. © Bildarchiv Deutsche Lufthansa, FRA CI/C

Auf ihrem Deutschlandflug 1932 (Start in Stettin 23. Juni) landet Do X am 21. September in Köln und bleibt dort bis zum 29. September. Seinen Abschluss findet der Deutschlandflug am 2. November auf dem Zürichsee in der Schweiz. © Bildarchiv Deutsche Lufthansa, FRA CI/C

Ziel dieses sogenannten Europa-Vorführfluges ist Lissabon. Unterwegs zur portugiesischen Hauptstadt werden auf jeder Etappe (Amsterdam, Calshot, Bordeaux, Santander, La Coruña) zwei- bis dreitägige Stops eingelegt und das gigantische Flugschiff der Fachwelt präsentiert.

Im folgenden Jahr wassert Do X in Rio de Janeiro und am 27. August in New York City. Auf Neufundland zum Rückflug nach Deutschland bis zum Maximum betankt, startet Do X am 19. Mai 1932 mit der Rekord-Startmasse von 57.500 kg zum Rückflug nach Berlin, wo sie – nach mehreren Etappen – am 24. Mai auf dem Müggelsee wassert.

Obwohl Do X zeitweise die Aufschrift »LUFT HANSA« trug, ist sie nie im Liniendienst betrieben worden. Manches deutet sogar darauf hin, dass Do X – von der Reichswehr finanziert – als »Amerika-Bomber« getestet wurde.

Offiziell als Ozean-Flugboot für den Passagierdienst geplant, ist Do X als Hochdecker in Dornier-Metallbauweise konstruiert und der Bootskörper in drei Decks gegliedert: Im Oberdeck Führerraum, dahinter Navigations- und Funkraum, Motorenzentrale und -überwachung; im Mitteldeck die Fluggasträume mit Rauchsalon, Bar und Toiletten. Betriebsstoffe und Seeausrüstung mit Schlauchboot lagern im Unterdeck. Nach der Umrüstung auf die amerikanischen Motoren in Do X 1a umbenannt, hatte das Flugschiff 48 m Spannweite, war 40,05 m lang, 10.10 m hoch und hatte 450 m^2 Flügelfläche. Dank den leistungsstarken zwölf Curtiss GV-1750 »Conqueror« mit einer Startleistung von je 485 kW/600 PS bewältigt die Do X 1a 33.000 kg Rüst- und 56.000 kg Startmasse. Gemäß Dornier: Höchstgeschwindigkeit 205 km/h, Reichweite 2800 km, Gipfelhöhe 3200 m.

Auf ihren Luftkissen erreichen Hovercraft Geschwindigkeiten von bis zu 150 Stundenkilometern und sind sehr viel schneller als konventionelle Schiffe. © Lesbardd

FLIEGEN AUF KÜNSTLICHEN LUFTKISSEN – WIE FUNKTIONIERT DAS ?

Es ist der britische Ingenieur Christopher Cockerell, der in den 1950er Jahren ein schiffähnliches Fahrzeug konstruiert, das auf einem künstlichen, 20 bis 30 Zentimeter starken Luftpolster, das von einer rundum geschlossenen Schürze (Gummi oder Kunststoff) zusammengehalten wird, schnell und ungehindert über jede Art von Untergrund (Erdboden, bewegte See, Wüste, Sandstrand, Gestrüpp, Sumpf, Schlick, Eis) schwebt. Dabei ist die Bezeichnung »Boot« allerdings ein wenig irreführend. Denn Luftkissenboote sind Flugzeugen ähnlicher als Schiffen und was in der Natur durch den Bodeneffekt entsteht, schaffte Cockerell künstlich und simpel:

Er umschließt den flachen Rumpf seiner Luftkissenfahrzeuge mit einer flexiblen Gummischürze und lässt von Hubgebläsen (Turbinen) angesaugte Luft über Leitflächen durch einen im Rumpfboden angeordneten Ringspalt unter den Fahrzeugboden pressen, sodass sich dort von der Schürze umschlossen, permanent ein stabiles, gegen den Außendruck abgedichtetes Luftkissen bildet.

Dieses Luftkissen wird so stark »aufgeblasen«, bis es rundum so stabil ist, dass es das Fahrzeug anheben kann und stabil schweben lässt. Nur die Schürze liegt bei unebenem Untergrund leicht auf. Angehoben und schwebend, wird das Fahrzeug überwiegend durch leistungsstarke Luftschrauben vorangetrieben und durch angeblasene Ruder oder schwenkbare Propeller gesteuert..

Der Rumpf ist als Plattform für Passagiere und/oder Lasten konzipiert. Im Fährbetrieb über den Ärmelkanal zwischen England und Frankreich wurden Luftkissenfähren eingesetzt, die Lasten von rund 65 Tonnen (bis zu

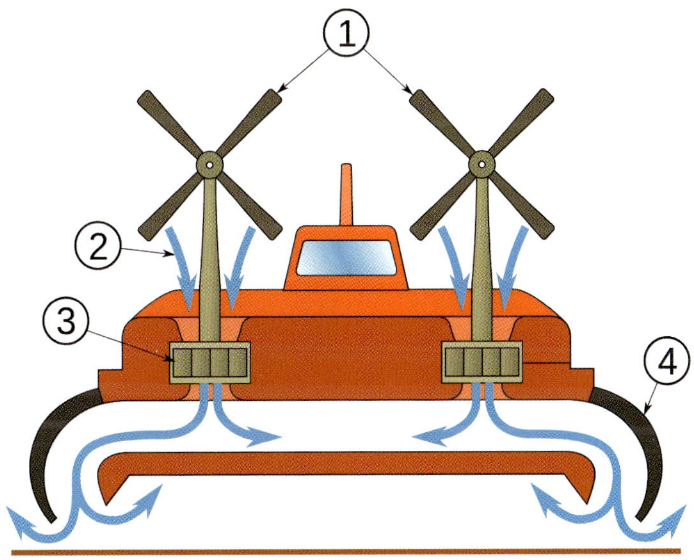

Das simple Prinzip des Hovercraft: 1) Luftschrauben, 2) Luftstrom, 3) Turbine 4) flexible Schürze
© MesserWoland

420 Passagiere und rund 60 Kraftfahrzeuge) mit einer Reisegeschwindigkeit von mehr als 100 Stundenkilometern beförderten.

Dank ihren amphibischen Eigenschaften nicht nur über Bodenb- oder Wasserflächen, sondern mühelos auch über unwegsames Gelände schwebend, sind Hovercraft auch ideale Plattformen beispielsweise für Such- und Rettungsdienste, Forschungs- und Militäreinsätze – und sogar bei Sportlern beliebt.

Positiv sind auch die Umweltaspekte der Luftkissenfahrzeuge: Treibstoffe (Öl, Benzin) gelangen nicht ins Wasser, keine Schraube durchpflügt die See, kein Kühlwasser wird der See entnommen oder eingeleitet und an Land bleiben Flora und Fauna fast unversehrt. Seit die ursprünglich sehr hohe Lärmsignatur technisch fast auf Bürolärm reduziert ist, bleiben heutzutage nur noch die Motorabgase als umweltschädlich zu erwähnen.

Sir Christopher Cockerells Traum von einem mit 2000 Passagieren an Bord wie auf Watte über die Weltmeere schwebenden Luftkissenfahrzeug erfüllten sich – bisher – jedoch noch nicht...

Gelände ohne Weg und Steg – hier bewähren sich Luftkissenfahrzeuge. © Griffon Hoverwork

»Leadership« auf dem Wörthersee. Technische Daten: Länge 13 m, Breite 4 m, Triebwerkleistung insgesamt 720 PS. © VISIONAER.Info

LUFTKISSENFAHRZEUGE – IHRE VORGESCHICHTE

Wer erlebt, wie Luftkissenfahrzeuge mühelos über Wasser und Land schweben, wird sich der wahrlich atemberaubenden Erscheinung dieser fliegenden Schiffe nicht entziehen können. In der breiten Öffentlichkeit sind diese fliegenden Schiffe mit Sir Christopher Cockerell verbunden. Dabei ist der Gedanke, Fahrzeuge auf einem Luftpolster über Wellen und Land schweben zu lassen, sehr viel älter.

Bereits 1877 ließ sich der britische Ingenieur John Isaac Thornycroft (* 1. Febr. 1843 Rom, 1902 geadelt: Sir, † 28. Juni 1928 Bembridge/Isle of Wight) einen Plan für ein Luftkissenboot patentieren, konnte den Gedanken aber nicht realisieren. Die damaligen Motoren waren zu schwach und Thornycroft (Begründer der modernen Torpedoboot-Technik) auf seiner Werft »John I. Thornycroft & Company« mit dem Bau von Torpedobooten allzu sehr beschäftigt.

1966 fusioniert die Werft mit Vosper & Co zur Vosper Thonycroft und firmierte von 2002 bis 2010 als VT-Group Ermutigt durch Christopher Cockerells publikumswirksamen Erfolge, erinnert man sich bei der VT-Group an das Patent des Firmengründer von 1877 und präsentiert 1968 das 75 Tonnen schwere und 40 Knoten (74 km/h) schnelle »Hovercraft VT-1«. Die leistungsgesteigerte, 105 Tonnen schwere Version VT-2 wird 1978 von der britischen Royal Navy getestet, aber nicht in Dienst gestellt.

1978. Die britische Royal Navy testet »Hovercraft VT-2« – ein später Erfolg für Sir John Isaac Thornycrofts Patent von 1877. © U. S. Department of the Army

EINE ZEITREISE – VOM K.U.K. HAUPTKRIEGSHAFEN PULA ZUM WÖRTHERSEE

Pula 18. Oktober 1915: Probefahrt des weltweit ersten Luftkissenbootes

Zielstrebiger und erfolgreicher als der Theoretiker John Isaac Thornycroft, ist der österreichisch-ungarische Marineoffiziere Dagobert Müller von Thomamühl (* 24. Juni 1880 Triest, † 10. Jan. 1956 Klagenfurt). In den Jahren 1904 bis 1918 vom Linienschiffsleutnant zum Korvettenkapitän und Kommandant der gesamten k.u.k. Torpedowaffe aufgestiegen, konstruiert und baut er im Ersten Weltkrieg im See-Arsenal des k.u.k.Hauptkriegshafens Pula das erste Luftkissengleitboot der Welt!

Müller von Thomamühl ist überzeugt, der k.u.k. Kriegsmarine mit wendigen und schnellen Torpedo-Gleitbooten die Seeherrschaft im Mittelmeer sichern zu können.

Seine ermutigenden Berichte über die von Oktober 1915 bis Februar 1916 durchgeführten insgesamt 21 Probefahrten seines Bootes bei Pula stoßen allerdings beim Oberkommando in Wien auf kein Interesse und so findet er – 1917 von einer Minenräumfahrt zurückkehrend – sein Boot in Einzelteile zerlegt. Die geliehenen Flugzeugmotoren waren dem Fliegerregiment in Wien zurückgegeben worden.

Zutiefst enttäuscht stellt Müller von Thomamühl schließlich seine Arbeiten an diesem zukunftsweisenden, erfolgversprechenden Objekt ein.

Müller von Thomamühl hätte wohl nie geglaubt, dass ein exakter Nachbau »seines« Luftkissengleitbootes unter dem Namen »Leadership« rund 100 Jahre später auf dem Wörthersee seiner österreichischen Heimat über die Wellen gleiten würde.

Marineoffizier, Ingenieur und Visionär: Dagobert Müller von Thomamühl (* 24. Juni 1880 Triest, † 10. Jan. 1956 Klagenfurt). Als hochbegabter Ingenieur entwickelt er nicht nur das Luftkissenboot, sondern erfindet unter anderem auch die Lichtschranke zur Sicherung von Hafeneinfahrten sowie ein Gerät, mit dem er als erster nicht gepanzerter Taucher im Mittelmeer eine Weltrekordtiefe von 64 Meter erreicht.

© VISIONAER.Info

Vom 18. Oktober 1915 bis Februar 1916 absolviert das als schnelles Torpedoboot konstruierte Luftkissen-Versuchsgleitboot 1 insgesamt 21 Probefahrten. Angetrieben wird das Boot von fünf Flugmotoren »Austro Daimler« (Gesamtleistung 560 PS; Konstrukteur: Ferdinand Porsche!), wovon einer einen Luftzug unter dem Bootskörper erzeugt, von dem das Boot rund 10 Zentimeter über die Wellen gehoben wird. Die übrigen vier Motoren wirken auf zwei Schiffsschrauben, die das Boot auf 33 Knoten (61 km/h) beschleunigen.

© VISIONAER.Info

Postkarte von 1915: Luftkissen-Versuchsgleitboot 1 im Hafen von Pula. © VISIONAER.Info

»Leadership« auf dem Wörthersee. Technische Daten: Länge 13 m, Breite 4 m, Triebwerkleistung insgesamt 720 PS. © VISIONAER.Info

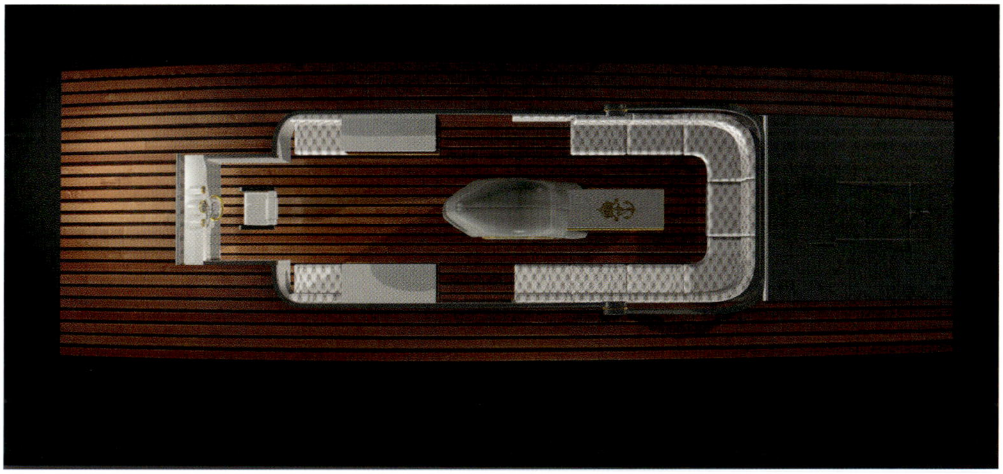

Entwurfsstudien »Leadership« © VISIONAER.Info

»Leadership« auf dem Wörthersee

Ein Jahrhundert vergeht, bis sich in Klagenfurt am Wörthersee (Kärnten, Österreich) historisch und technisch Interessierte zum Projekt »Leadership« verbinden. Ihr Ziel: Gestützt auf die Pläne und Visionen des Dagobert Müller von Thomamühl einen originalgetreuen Nachbau des k.u.k Luftkissen-Versuchsgleitbootes 1 schaffen– allerdings ausgestattet mit moderner Technik.

Auf den Namen »Leadership« getauft, startet das moderne Luftkissenboot am 31. August 2015 von der Mündung des Lendkanals zur Jungfernfahrt auf dem Wörthersee. Angetrieben wird das Boot durch zwei 560 PS starke Hochleistungstriebwerken von STEYR MOTORS. Auftrieb und Luftkisseneffekt bewirkt ein dritter, 160 PS starker Motor, der den Ventilator – das doppelansaugende Zentrifugalgebläse – antreibt und pro Stunde bis zu 20.000 Kubikmeter Luft unter den Bootskörper bläst. Bis zu 10 Zentimeter aus dem Wasser gehoben, erreicht das Boot durch den reduzierten Reibungswiderstand hohe Geschwindigkeiten.

Um die Originalität zu bewahren, wurde das Deck in historischem Design beibehalten, ohne die heutzutage üblichen modernen Gummifugen. Acht Millimeter hohe Abdeckleisten schützen die Fugen zwischen den Deckbrettern und unterstreichen die Charakteristik dieses weltweit einzigartigen Bootes.

Begeistert notieren die Erbauer: »Schweben statt gleiten. Es ist ein unbeschreibliches Gefühl, in einem Boot zu sitzen, das Geschichte schrieb. Die Konstruktion erinnert an die Tragfläche eines Flugzeuges. Das Cockpit hat keine Abdeckung. Nichts liegt zwischen dir und dem Horizont.«

Im Lowestoft Maritime Museum ist Cockerells Werkstatt originalgetreu aufgebaut.
© Jack1956

CHRISTOPHER S. COCKERELL GELINGT DER DURCHBRUCH

Während sich die Begeisterung für Luftkissenfahrzeuge in Europa und anderswo sehr in Grenzen hält oder gar in Vergessenheit gerät, lässt die Vorstellung, Fahrzeuge auf einem Luftpolster ungehindert und schnell über Boden und Wasser schweben zu lassen, einen Engländer nicht los: Christopher Sydney Cockerell. Von Kindesbeinen an allem Technischen (von der Antike bis in die Neuzeit) interessiert und äußerst praktisch veranlagt, wird er ob seiner ungewöhnlichen Ideen als »verrückter Kerl« belächelt. So beschäftigt sich dieser Ingenieur und technische Autodidakt unter anderem mit der Funktechnik und findet eine Anstellung bei der Marconi Company mit Sitz in London. Bei diesem renommierten Telekommunikationsausrüster kann der »verrückte Kerl« seine Kenntnisse der Funktechnik ausleben, konstruiert ein Funkmessgerät und erringt einen ersten großen Erfolg, als ein solches Radargerät auf dem Passagierschiff RMS Mauretania (erbaut 1937/39) der britischen Cunard-Reederei installiert wird.

Seine wirkliche Anerkennung findet Cockerell allerdings erst im Zweiten Weltkrieg: In nur elf Wochen entwickelt er ein Funkmessgerät (Deckname: Drunken Men) für Bombenflugzeuge, von dem Marconi rund 120.000 Exemplare serienfertigt. Im weiteren Verlauf des Krieges konstruiert er im Rahmen der Vorbereitungen der alliierten Invasion in Frankreich (D-Day, 6. Juni 1944) ein Radarsystem zur Ortung deutscher Radargeräte in Nordfrankreich.

Christopher Sydney Cockerell (* 4. Juni 1910 in Cambridge, † 1. Juni 1999 in Hythe, Hampshire). 1969 als »Sir« geadelt, wird 1977 eine Halbinsel in der Antarktis nach ihm benannt. © Griffon Hoverwork

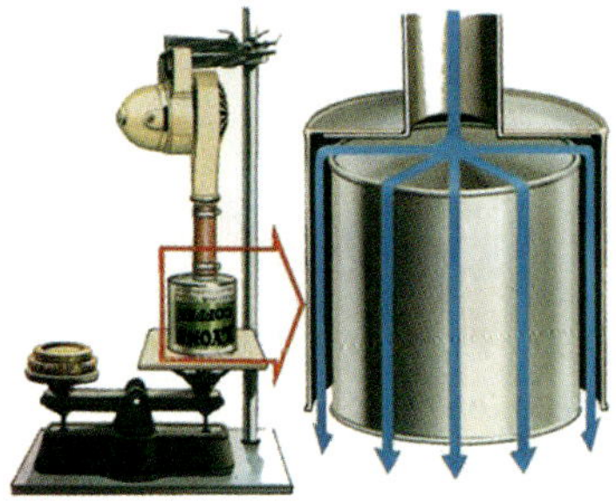

Cockerells Experiment mit Blechdosen, Küchenwaagen und Föhn © Griffon Hoverwork

Nach Kriegsende (1946 wird Marconi von English Electric übernommen) empfindet Cockerell sein nun zunehmend von Verwaltungsarbeiten geprägtes Leben als unbefriedigend und kündigt 1951. Bereits 1947 hatte er dank einer kleinen Erbschaft seiner Frau die in Norfolk ansässige Firma Ripplecraft Ltd. übernommen, ein Wohnmobil- und Bootsverleih. Dort widmet Cockerell sich primär der Konstruktion schneller Boote. Wie alle am Schiffbau Interessierte stößt auch er bei seinen Überlegungen auf ein scheinbar unüberwindbares Hindernis: Reibungswiderstand.

Wenn auch der Eindruck weit verbreitet ist, Cockerell sei der Erfinder des Luftkissenbootes, so ist dem nicht so. Gewiss kannte er die Theorien seines Landsmanns Thornycroft sowie des sowjetischen Wissenschaftlers Konstantin E. Ziokowski und auch die praktischen Erfolge des Österreichers Müller von Thomamühl im Ersten Weltkrieg. Aber es ist Cockerell, der für sich beanspruchen kann, die Theorien beziehungsweise praktischen Erfahrungen dieser »Vordenker« verwirklicht zu haben, nämlich ein Boot komplett aus dem Wasser zu heben und auf ein Luftkissen zu setzen. Dadurch würde der Reibungswiderstand entfallen und ein solches Luftkissenboot sehr viel höhere Geschwindigkeiten erreichen können.

Zu fast jedem genialen Erfinder kennt man eine Legende über den Moment, in dem er von einem Geistesblitz erleuchtet wurde. Anders bei Christopher Cockerell. Sein »Erleuchtung« erscheint etwas britisch-spleenig, beruht aber tatsächlich auf zwei Konservendosen, mit denen er im Juni 1954 den »Heiligen Gral« aller Schiffbaumeister findet! Rückschauend ist alles ganz einfach: Er steckt eine leere Kitekat-Katzenfutterdose in eine etwas größere leere Lyons-Kaffeedose. In den Boden der Kitekat-Dose hat er ein Loch gebohrt und als er nun mit einem Föhn Luft in diese Dose bläst, dringt die Luft in die Kaffeedose und bildet dort – komprimiert – ein Luftkissen, auf dem die obere Dose zu schweben beginnt. Zwei Küchenwaagen zeigen die unterschiedlichen Gewichte vor und während des Schwebevorgangs und beweisen: Cockerells Dosenkombination bedeutet eine technische Revolution! Damit ist bewiesen: Fahrzeuge können sich auf Luftkissen ohne Reibungsverluste schwebend sehr schnell und über jede Art von Untergrund fortbewegen. Die Realisierung seiner Erfindung dauert Jahre und verschlingt – Cockerells Wohnmobil- und Bootsverleih ist nicht sehr erfolgreich – fast alle seine finanziellen Rücklagen. Erst 1955 kann er ein funktionsfähiges Modell aus Balsaholz bauen und am 12. Dezember 1955 zum Patent anmelden.

Juni 1956. Auf dem Rasen von Somerleyton Hall präsentiert Cockerell sein erstes »funktionsfähiges«, in einer Gartenlaube konstruiertes Hovercraft-Modell. Aus Balsaholz gefertigt, wird das Modell von einem Glühkerzen-Aero-Motor angetrieben und bei seinen »Luftsprüngen« an einer kurzen Leine gehalten. Interessant: Durch seinen Wohnmobil- und Bootsverleih sehr beschäftigt, ließ Cockerell dieses erste Modell nach seinen Vorgaben von seinem Freund bauen.

Cockerells Werdegang erinnert an Steven Paul Jobs, der zwei Jahrzehnte später in der elterlichen Garage in Los Altos (Kalifornien, USA) den Apple-Computer erfindet. © Griffon Hoverwork

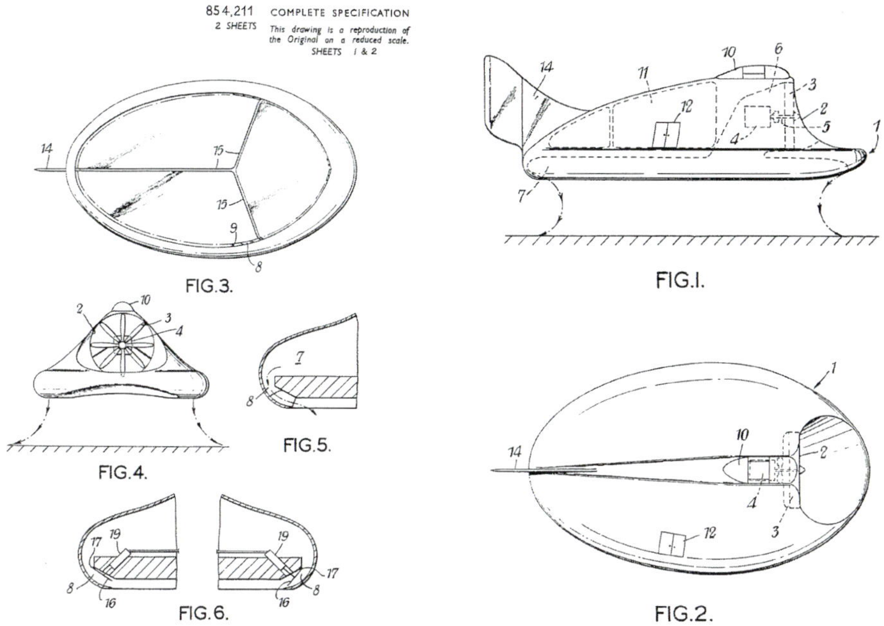

Auszug aus Cockerells Patent GB854211A vom 12. Dezember 1955: »Improvements in or relating to vehicles for travelling over land and/or water«.

Somerleyton Hall (nahe Lowestoft, Grafschaft Suffolk). In einer Gartenlaube vor neugierigen Blicken verborgen, entwickelt und testet Cockerell sein revolutionäres Hovercraft-Konzept. © Strandner

»Glidemobile« des US-Amerikaners Charles Joseph Fletcher (* 21. Dezember 1922, † 20. April 2011). Ingenieur und Marineflieger. Er hat nicht Cockerells Glück. Das von ihm während des Zweiten Weltkriegs konstruierte Glidemobil wird vom Pentagon als Angelegenheit der nationalen Sicherheit eingestuft, strikter Geheimhaltung unterworfen und verschwindet schließlich ungenutzt im Aviation Hall of Fame und Museum of New Jersey, Teterboro, New Jersey/USA. © Ad Meskens

AUF DEN SPUREN BLÉRIOTS: 25. JULI 1909 – 25. JULI 1959

Als Cockerell weder bei Flugzeugbauern noch Schiffswerften finanzielle Unterstützung findet, hofft er auf militärische »Kunden« und präsentiert – unterstützt durch Lord Somerleyton und den »First Sea Lord of the Admiralty« Lord Louis Mountbatten – seine Konstruktion dem Beschaffungsamt der britischen Streitkräfte (Ministry of Supply). Wo Cockerells »fliegende Untertasse« jedoch prompt als Angelegenheit der nationalen Sicherheit eingestuft wird und seine Pläne unter Verschluss genommen werden. Man erkennt im britischen Verteidigungsministerium zwar das militärische Potenzial des Hovercraft, ist an einer Realisierung jedoch nicht interessiert und verbietet Cockerell, seine Idee publik zu machen.

Erst als Gerüchte kursieren, in der Schweiz würden Luftkissenboote geplant, wird Cockerells Patent 1958 zur zivilen Nutzung freigegeben und er bei der National Research Development Corporation (NRDC) angestellt. Von der britischen Regierung 1948 gegründet, soll NRDC die technologischen Entwicklungen des Zweiten Weltkriegs auswerten. Darüber hinaus vergibt NRDC aber auch Innovationen an Unternehmen zur kommerziellen Nutzung. Zu den ersten von NRDC lizensierten Innovation gehört der im Herbst 1958 an Saunders-Roe erteilte Auftrag zum Bau des Prototypen eines funktionsfähigen Hovercraft. Das Luftkissenfahrzeug erhält die Bezeichnung SR.N1 (Saunders-Roe – Nautical One) und wird bei Saunders-Roe unter NRDC-Lizenz gebaut. Saunders-Roe Limited (kurz: SaRo) ist ein britisches Flugzeug-, Boots- und Karosseriebauunternehmen, das in den folgenden Jahren einer weltweiten Öffentlichkeit hauptsächlich als Hersteller von Luftkissenfahrzeugen bekannt wird.

Im Januar 1959 gründet NRDC eine Tochtergesellschaft namens Hovercraft Development Ltd., ernennt Christopher Cockerell zum Technischen Direktor und stellt ihm zur Entwicklung des Hovercraft 150.000 britische Pfund zur Verfügung.. Gestützt auf Cockerells Patent werden weitere private britische Firmen durch Lizenzvergabe in den Bau des Hovercraft eingebunden.

Am 11. Juni 1959 ist es endlich so weit. Zuerst über Land und schließlich auch auf dem Solent, einem Seitenarm des Ärmelkanals zwischen der Südküste Englands vor Southampton und der Isle of Wight, präsentiert Cockerell einer staunenden Öffentlichkeit ein zwölf Meter langes und rund sieben Tonnen wiegendes, mit lautem Getöse und hoher Geschwindigkeit mühelos knapp über Wellen und Land schwebendes Ungetüm. Während er dieses ungewöhnliche Gefährt »Hovercraft« (Deutsch: Schwebefahrzeug) tauft, ist es es in der britischen Öffentlichkeit bald nur noch als »Flying Saucer« (fliegende Untertasse) bekannt. Weitere Tests am 13. Juni und am 22. Juni (im Rahmen eines Seemanövers der Royal Navy) verlaufen zufriedenstellend und dann geht alles sehr schnell.

Zwei Wochen nach dem erfolgreichen »Jungfernflug« seines Luftkissenbootes beweist Cockerell, dass er nicht nur ein exzellenter Techniker ist, sondern auch ein gesundes Selbstbewusstsein besitzt sowie über ein Gespür für Public Relations (Öffentlichkeitsarbeit) verfügt. Während noch allgemein bezweifelt wird, ob aus dieser fliegenden Untertasse ein alltägliches Transportmittel werden wird, gibt Cockerell werbewirksam bekannt, den Ärmelkanal mit seiner futuristischen Konstruktion – dem Prototyp SR.N1 – am 25. Juli 1959 vom französischen Calais nach Dover überqueren zu wollen.

In der Geschichte der Luftfahrt ist der 25. Juli gerade in dieser Region ein historisch bedeutsamer Tag. Denn exakt 50 Jahre früher – am 25. Juli 1909 – war dem französischen Flugtechniker Louis Blériot mit seinem selbst gebauten, von einem 25-PS-Motor angetriebenen Eindecker »Blériot XI« auf genau dieser Route erstmalig die Überquerung des Ärmelkanals mit einem Flugzeug in 27 ½ Minuten (Durchschnittsgeschwindigkeit 75 km/h) geglückt.

Und auch Cockerells Wagnis glückt. Am 25. Juli 1959 verlässt Hovercraft SR.N1 um 4.49 Uhr Calais und landet um 6.45 Uhr in Dover; an Bord Christopher Cockerell, »Pilot« Captain Peter Lamb und der Navigator John Chaplin. Mit der Überquerung des Ärmelkanals begründet Cockerell ein neues, modernes, schnelles, fast grenzenlos verwendbares Transportsystem – und die britische Presse titelt »England ist keine Insel mehr!«

Kaum sind die ersten Begeisterungsstürme verrauscht, beginnt für Cockerell der alltägliche Kampf mit der staatlichen Bürokratie. Als die britische Regierung schließlich alle mit der Fertigung von Luftkissenfahrzeugen betrauten Firmen zu einem Unternehmen zusammenschließen will, sieht Cockerell die Weiterentwicklung seines Hovercraft durch einen natürlichen Konkurrenzkampf bedroht, legt 1966 seinen Aufsichtsratämter nieder – und erhält nur wenige Tage später einen kurzen Brief des NRDC-Generaldirektors mit seiner Entlassung als Technischer Direktor (ohne Pensionsansprüche!). Obwohl Cockerell 1972 schließlich doch noch eine finanzielle Abfindung erhält, fühlt er sich für den Rest seinen Lebens tief verletzt. Verbittert notiert er, dass Bürokraten kein Verständnis für Erfinder wie ihn aufbringen und bemerkt: »Ohne so verrückte Kerle wie mich, würden wir heute noch in der Steinzeit leben.« Immerhin wurden zu seinen Lebzeiten Hunderte Patente auf seinen Namen zugelassen – mehr als 50 in Verbindung mit seinem Hovercraft!

SR.N1 bereit zum »Flug« über den Ärmelkanal
© Griffon Hoverwork

Zeichnung des SR.N1

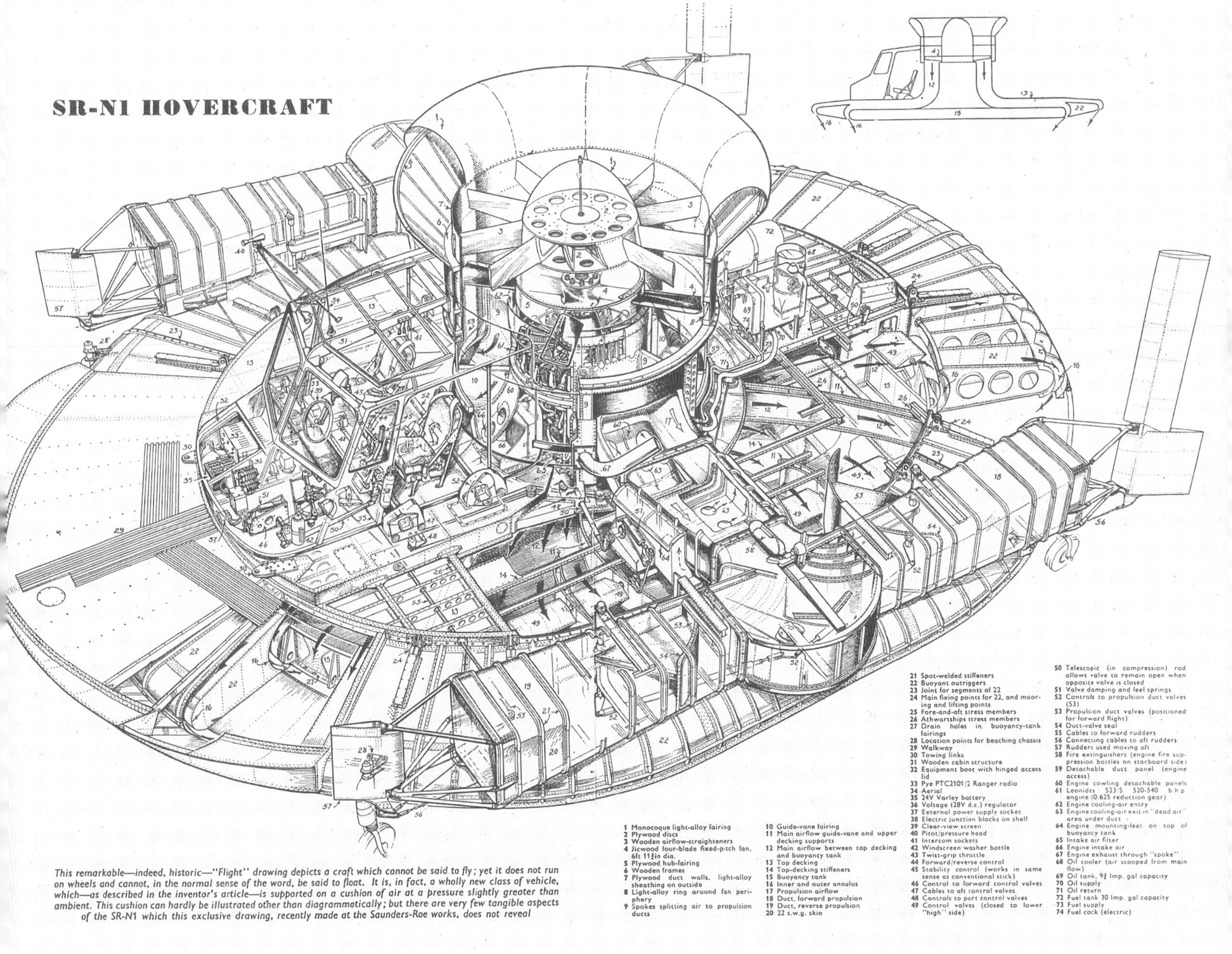

SR-N1 HOVERCRAFT

This remarkable—indeed, historic—"Flight" drawing depicts a craft which cannot be said to fly; yet it does not run on wheels and cannot, in the normal sense of the word, be said to float. It is, in fact, a wholly new class of vehicle, which—as described in the inventor's article—is supported on a cushion of air at a pressure slightly greater than ambient. This cushion can hardly be illustrated other than diagrammatically; but there are very few tangible aspects of the SR-N1 which this exclusive drawing, recently made at the Saunders-Roe works, does not reveal

1 Monocoque light-alloy fairing
2 Plywood discs
3 Wooden airflow-straighteners
4 Jicwood four-blade fixed-pitch fan, 6ft 11¾in dia.
5 Plywood hub-fairing
6 Wooden frames
7 Plywood duct walls, light-alloy sheathing on outside
8 Light-alloy ring around fan periphery
9 Spokes splitting air to propulsion ducts
10 Guide-vane fairing
11 Main airflow guide-vane and upper decking supports
12 Main airflow between top decking and buoyancy tank
13 Top decking
14 Top-decking stiffeners
15 Buoyancy tank
16 Inner and outer annulus
17 Propulsion airflow
18 Duct, forward propulsion
19 Duct, reverse propulsion
20 22 s.w.g. skin
21 Spot-welded stiffeners
22 Buoyant outriggers
23 Joint for segments of 22
24 Main fixing points for 22, and mooring and lifting points
25 Fore-and-aft stress members
26 Athwartships stress members
27 Drain holes in buoyancy-tank fairings
28 Location points for beaching chassis
29 Walkway
30 Towing links
31 Wooden cabin structure
32 Equipment boot with hinged access lid
33 Pye PTC2101/2 Ranger radio
34 Aerial
35 24V Varley battery
36 Voltage (28V d.c.) regulator
37 External power supply socket
38 Electric junction blocks on shelf
39 Clear-view screen
40 Pitot/pressure head
41 Intercom sockets
42 Windscreen washer bottle
43 Twist-grip throttle
44 Forward/reverse control
45 Stability control (works in same sense as conventional stick)
46 Control to forward control valves
47 Cables to aft control valves
48 Controls to port control valves
49 Control valves (closed to lower "high" side)
50 Telescopic (in compression) rod allows valve to remain open when opposite valve is closed
51 Valve damping and feel springs
52 Controls to propulsion duct valves (53)
53 Propulsion duct valves (positioned for forward flight)
54 Duct-valve seal
55 Cables to forward rudders
56 Connecting cables to aft rudders
57 Rudders used moving aft
58 Fire extinguishers (engine fire suppression bottles on starboard side)
59 Detachable duct panel (engine access)
60 Engine cowling detachable panels
61 Leonides 523/5 520-540 b.h.p. engine (0.625 reduction gear)
62 Engine cooling-air entry
63 Engine cooling-air exit in "dead air" area under duct
64 Engine mounting-feet on top of buoyancy tank
65 Intake air filter
66 Engine intake air
67 Engine exhaust through "spoke"
68 Oil cooler (air scooped from main flow)
69 Oil tank, 9¾ Imp. gal capacity
70 Oil supply
71 Oil return
72 Fuel tank 30 Imp. gal capacity
73 Fuel supply
74 Fuel cock (electric)

Vickers Armstrong VA.3 auf einer zeitgenössischen Postkarte

VICKERS ARMSTRONG

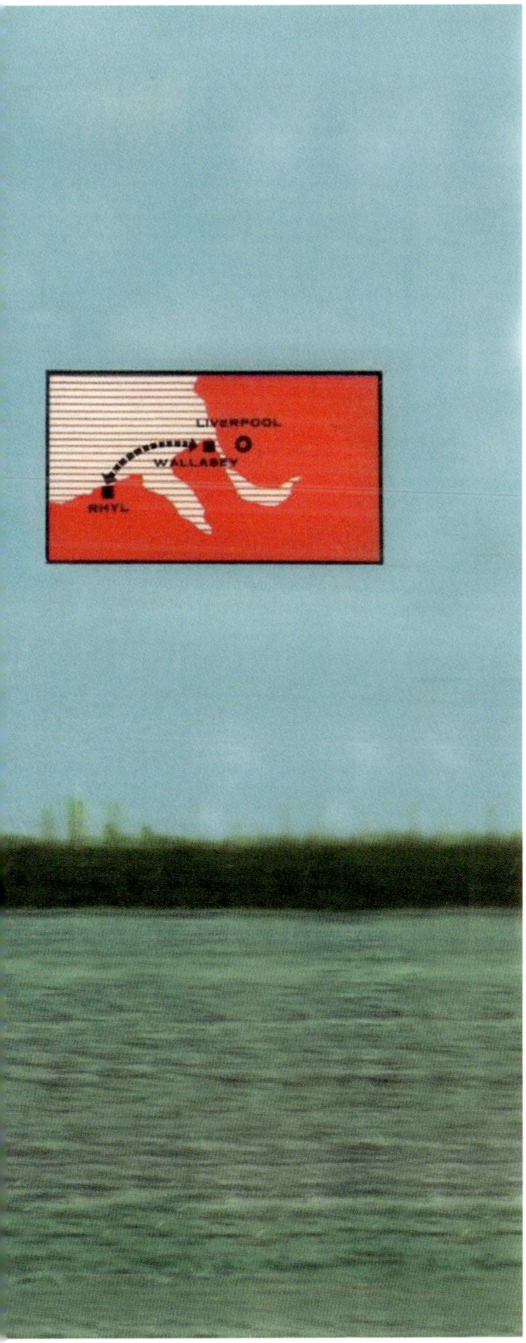

Spätestens seit dem geglückten »Flug« über den Ärmelkanal wird neben anderen britischen Unternehmen auch der Flugzeugbauer Vickers Armstrong vom Hovercraft-Fieber erfasst. Und dies nicht nur, weil die Flugzeugbauer von Cockerells Erfindung begeistert sind, sondern weil sie erwarten, einen neuen zukunftsträchtigen, Erfolg und Gewinn versprechenden Geschäftsbereich erschließen zu können.

Über Cockerells Konstruktionen wohlinformiert, wird Vickers Armstrong 1961 aktiv und präsentiert nach kurzer Zeit als erstes funktionsfähiges Exemplar sein VA.1. Dieses größtenteils aus Sperrholz gefertigte Hovercraft führt zum VA.2. VA.2 ist mit fünf Passagiersitzen ausgestattet und wird von drei Kolbenmotoren angetrieben: zwei Rolls-Royce Aero bedienen das Hubgebläse, während ein 310 PS leistender Continental-Motor den Vortrieb leistet.

Bei seinen Probefahrten erreicht VA.2 über Wasser Geschwindigkeiten von bis zu 111 km/h und ermutigt Vickers Armstrong noch 1962 ein drittes Luftkissen-Fahrzeug fertigzustellen: VA.3.

Am 20. Juli 1962 eröffnete VA.3 als »Hovercoach« zwischen Wirral in Merseyside und Rhyl in North Wales den weltweit ersten kommerziellen, planmäßigen Hovercraft-Personenfährdienst. Als Betreiber fungiert British United Airways (Geschäftsführer Freddie Laker); alle Fahrten werden in einem Flugbuch dokumentiert.

VA.3 hat eine Nutzlastkapazität von zwei Tonnen und befördert neben Passagiere auch Post. Von den täglich geplanten zwölf Diensten können anfangs nur sechs durchgeführt werden und auch später mussten wegen schlechtem Wetter und technischen Schwierigkeiten immer wieder Fahrten gestrichen werden. Und dann kommt der unglückliche Freitag am 14. September 1962. Um 13.15 Uhr in Moreton Shore mit Destination Rhyl ausgelaufen, fallen mit kurzen Abständen beide Hubgebläse aus und VA.3 erreicht nur mühsam den sicheren Hafen. Am nächsten Tag verhindern stürmische Winde zunächst die Reparaturarbeiten und reißen das Fahrzeug an den folgenden Tagen mehrmals von seiner Vertäuung los. Konnte VA.3 bei Ebbe zuerst noch ans Ufer gezogen werden, wird es letztendlich von starken Winden so weit hinausgetrieben, dass es seinem Schicksal überlassen werden muss. Schließlich treiben Wind und Ebbe VA.3 am Sonntag (16. September 1962) gegen die Mauer der Promenade, wo es am nächsten Tag von zwei Kranen an Land gehoben werden kann. Außer Dienst gestellt, sinkt VA.3 1971 auf dem Solent und ruht dort in mehr als 20 Meter Tiefe.

SR.N2. Prototyp von Saunders-Roe gebauten Hovercraft-Seefähren. © Griffon Hoverwork

SANDERS-ROE – HÖHENFLUG UND NIEDERGANG: SR-N1 – SR.N6

Natürlich ist die geglückte Überquerung des Ärmelkanals nur ein erster Schritt auf dem Weg des Hovercraft zu einem sicheren Transportmittel für Menschen und Fracht. So zeigt sich schon bei den ersten Testfahrten und speziell bei der Kanalüberquerung, dass das Luftkissen des Hovercraft – nur rund 30 Zentimeter über der Wasserfläche schwebend – bei höheren Wellen nicht mehr optimal gesichert ist. Aber Cockerell löst auch dieses Problem und umschließt das Hovercraft mit einer flexiblen und höheren Gummischürze, sodass auch Wellen von rund 1,20 Meter Höhe keine Probleme mehr bereiten. In langwierigen, umfangreichen Tests wurde Cockerells Grundkonzept immer wieder verbessert und die Tests enden erst fast vier Jahre nach dem Erstflug des SR.N1.

Die Erprobungsphase des SR.N1 war kaum beendet, als Westland und Saunders-Roe 1961 mit dem SR.N2 das Modell einer Hovercraft-Seefähre vorstellten. Obwohl nur ein Prototyp gebaut wurde, gilt SR.N2 als Ausgangsmuster der später kommerziell betriebenen Luftkissenfahrzeuge. 1962 in Kanada auf dem Saint Lawrence River (Sankt-Lorenz-Strom) erfolgreich erprobt, wurde es 1963/64 als Fähre über den Bristolkanal (Meerenge zwischen England und Wales) sowie auf dem Solent betrieben. Als SR.N2 schließlich abgewrackt wurde, hatte es rund 30.000 Passagiere befördert.

1963 lief eine militärische Version des SR.N2, das SR.N3 vom Stapel. Mit 37,5 Tonnen Gewicht erreichte es – angetrieben von vier Gasturbinen Bristol-Siddeley Gnome – hohe Geschwindigkeiten. Von Interservice Hovercraft Trials Unit auf Herz und Nieren geprüft, operierte SR.N3 unter anderem erfolgreich auf Eis und bewährte sich auch bei stürmischer See und bis zu zwei Meter hohen Wellen. Dennoch von den britischen Streitkräften nicht in Dienst gestellt, endet SR-N3 schließlich als Zielschiff.

Bis 1976 baut die in East Cowes (Isle of Wight) ansässige British Hovercraft Corporation (1966 begründet durch Fusion von Saunders-Roe/Westland Aircraft und Vickers Submarine) Luftkissenfahrzeuge des Typs SR.N4, die auch als Mountbatten-Klasse bekannt wurden. Bemerkenswert ist, dass zwei Fahrzeuge (»The Princess Margaret« und »The Princess Anne«) dieser Klasse bis ins Jahr 2000 im Seefährdienst operierten. Beide Fahrzeuge wurden 1978 beziehungsweise 1977 auf Mark-III-Standard umgerüstet und waren neben der sowjetischen Subr-Klasse die größten jemals gebauten Luftkissenfahrzeuge der Welt!

Trotz ihrer ohrenbetäubenden Lärmsignatur erfreuten sich die Luftkissen-Seefähren einer großen Nachfrage und so ist es nur logisch, dass Sauders-Roe bereits Anfang der 1960er Jahre mit der Entwicklung eines größeren Modells zur Beförderung von Passagieren und Pkw begann. Im Gegensatz zu den Vorgängermodellen, die nur in der Sommersaison auf dem Ärmelkanal betrieben werden durften, sollte das neue Muster mit wesentlich größerer Kapazität gestaltet und – technisch verbessert – auch bei rauer See ganzjährig zuverlässig betrieben werden können.

Die Seefähr-Unternehmen blicken optimistisch in eine Zukunft für ihre Hovercraft-Verbindungen zwischen der englischen Südküste und Frankreich und so ordern 1966 Hoverlloyd (1965 als Cross-Channel Hover-Services gegründet) und Seaspeed drei beziehungsweise zwei SR.N4 für ihre Dienste Ramsgate – Calais beziehungsweise Dover – Boulogne.

Das erste SR.N4 tritt m Oktober 1967 in Cowes auf der Isle if Wight ins Licht der Öffentlichkeit. Die Szene erscheint typisch britisch: Ein Vorarbeiter in weißem Kittel und schwarzem Bowler-Hut kommandiert, als sechs Werkleute das Fahrzeug mit Seilwinden aus einem Hangar ins Freie ziehen. Der Exportpreis eines SR.N4 beträgt 16 Millionen D-Mark.

Von vier Gasturbinen gehoben und mittels vier Luftschrauben geschoben, erreicht der Prototyp des SR.N4 bei seinem »Erstflug« am 4. Februar 1968 auf dem Solent Geschwindigkeiten von 60 Knoten (111 km/h), absolviert vier Monate später (11. Juni 1968) die erste Kanalüberquerung von Dover nach Boulogne, wird nach Abschluss der Testfahrten »The Princess Margaret« getauft und nimmt am 1. August den regulären Fährbetrieb Dover – Boulogne auf. Gemäß den Berechnungen seiner Konstrukteure hätte SR.N4 bei ruhiger See über 140 Stundenkilometer und bei Windstärke zehn und drei Meter hohen Wellen noch 90 Stundenkilometer schaffen können.

Am 2. April 1969 folgt »Swift« auf der Strecke Ramsgate – Calais und bis zum Jahresende werden mit »Sure« und »The Princess Anne« zwei weitere Luftkissen-Seefähren in Dienst gestellt. Am 3. Juli 1972 stellt Hoverlloyd sein drittes SR.N4 in Dienst und tauft dieses Luftkissenfahrzeug zu Ehren von Sir Christopher Cockerell auf den Namen »Sir Christopher«. Damals sind die Seefähren des Typs SR.N4 die größten zivilen Luftkissenfahrzeuge der Welt und die einzigen, die neben Personen auch Pkwund sogar Busse befördern.

Die schnellste – inoffizielle – Kanalüberquerung dauerte nur 15 Minuten und 23 Sekunden. Nicht zu vergessen: Auf dem Ärmelkanal ist die Höchstgeschwindigkeit auf 130

Stundenkilometer begrenzt.

Steigende Nachfrage sowohl aus dem Passagier- als auch aus dem Fahrzeugbereich ermutigt Hoverlloyd, 1972 mit dem Umbau seiner SR.N4 zu beginnen: Autodeck und Hauptkabine werden vergrößert, sodass die nun Mark II genannten Fähren rund 30 zusätzliche Passagiere und bis zu sechs zusätzliche Pkw befördern können. Bereits vor ihrer Umrüstung hatten alle SR.N4 eine höhere Schürze erhalten, um auch bei schwerem Seegang und ganzjährig operieren zu können.

Seaspeed blickt noch optimistischer in die Zukunft als der Konkurrent Hoverlloyd und lässt auf seinen SR.N4 nicht nur leistungsstärkere Turbinen und größere Propeller installieren, sondern den Rumpf durch Einbau eines Mittelteils um 16 Meter strecken. Diese nun Mark III genannten Luftkissen-Seefähren bieten bis zu 400 Passagieren und bis 55 Pkw Platz.

1981 fusionieren Hoverlloyd und Seaspeed zum Fährbetrieb Hoverspeed. Die neue Firmenleitung muss eingestehen, dass die Verbindung Ramsgate – Calais unrentabel ist und stellt diesen Dienst ein, verstärkt gleichzeitig jedoch die Verbindungen Dover – Calais und Dover – Boulogne. Dennoch: Kaufmännisch geschulte Augen haben längst erkannt, dass sich die Erfolgsgeschichte der Luftkissenfähren ihrem Ende zuneigte Hovercraft sind zwar immer noch sehr schnell, aber auch sehr laut und sehr »durstig (Treibstoffverbrauch zwischen Dover und Calais rund eine Tonne!). Inzwischen drängen jedoch modernere, fast ebenso schnelle Katamaran-Fähren mit weitaus größeren Transportkapazitäten für Passagiere und Automobile auf den Markt (besser gesagt: auf den Ärmelkanal).

22. Juni 1959. Im Rahmen eines Seemanövers erprobt die Royal Navy den Hovercraft-Prototyp SR.N1.
© The National Archives UK

Und unter dem Ärmelkanal nimmt ein Eisenbahntunnel Gestalt an. Seit Jahren geplant und wegen der Ölkrise 1973 sowie der Energiekrise 1979 zunächst zurückgestellt, wird die Idee für diesen Frankreich und Großbritannien verbindenden »Eurotunnel« 1984 erneut aufgegriffen. Im Dezember 1987 beginnen die Bohrarbeiten auf der englischen Seite und im September 1988 an Frankreichs Küste und am 1. Dezember 1990 gelingt der Durchstich am Grunde des Ärmelkanals. Am 20. Juni 1993 fertiggestellt, wird der Eurotunnel Mitte November 1994 für den Eisenbahnbetrieb freigegeben – der Todesstoß für den Hovercraft-Fährbetrieb zwischen England und Frankreich. Am 1. Oktober 2000 stellt Hoverspeed mit »The Princess Margaret« und »The Princess Anne« ihre beiden letzten SR.N4 außer Dienst.

SR.N4	Mk I	Mk II	Mk III
Gewicht (max., t)	165	200	320
Länge (m)	39,68	39,68	56,38
Breite (m)	23,77	23,77	23,77
Höchstgeschwindigkeit (km/h)	120	130	130
Reisegeschwindigkeit (km/h)	110	110	110
Reichweite (km)	450	450	450
Triebwerkleistung (PS)	3400	3400	3800
Betriebsbereit (Windstärke bis)	6	8	9
Passagiere	250	278	400
Pkw	30	36	56

Werksanlagen der British Hovercraft Corporation in East Cowes (Isle of Wight) © Griffon Hoverwork

22. März 1985: »The Princess Margaret« landet in Calais. Am 1. August 1968 als erstes Exemplar der SR.N4-Serie in Dienst gestellt, wurde diese Luftkissen-Seefähre 1978 auf Mk-III-Standard umgerüstet, am 1. Oktober 2000 ausgemustert und 2018 abgewrackt. © Manfred Heyde

GH-2006
BADMINTON

9. April 1977: »«Swift« in Ramsgate Hoverport, Pegwell Bay/Kent vor dem »Flug« nach Calais. Am 2. April 1969 als zweites Exemplar der SR.N4-Serie in Dienst gestellt, wurde diese Luftkissen-Seefähre 1972 auf Mk-II-Standard umgerüstet, am 29. September 1991 ausgemustert und 2004 abgewrackt. © Peter Nath

HOVERLLOYD
SWIFT
GH-2004

»The Princess Anne«, Blick in die Passagierkabine. Am 8. August 1969 als viertes Exemplar der SR.N4-Serie in Dienst gestellt, wurde »The Princess Anne« 1977 auf Mk-III-Standard umgerüstet, am 1. Oktober 2000 ausgemustert und ist seitdem im Hovercraft Museum, Lee-on-the-Solent, ausgestellt. © Toycat's Cat

September 1977: »Sir Christopher« landet in Calais. Am 3. Juli 1972 als fünftes Exemplar der SR.N4-Serie in Dienst gestellt, wurde »Sir Christopher« 1974 auf Mk-II-Standard umgerüstet, am 29. September 1991 ausgemustert und 1998 abgewrackt. © Klaus D. Peter, Wiehl, Deutschland

September 1977: »Sir Christopher« in Calais. Fahrzeuge verlassen die Fähre über die Heckrampe. Gemäß dem Ro-Ro-Prinzip konstruiert, konnten die SR.N4 in weniger als einer Viertelstunde beziehungsweise entladen werden. © Klaus D. Peter, Wiehl, Deutschland

Im Hafen von Dover erinnert ein Propeller (Durchmesser 6,40 m!) an die große Zeit der SR.N4.
© Bernd Kirchberg

2008. Modifizierte und bewaffnete ACV-Version des SR.N5 im Dienst der US-Küstenwache. Das Fahrzeug ist bewaffnet. © US Coast Guard

SR.N5 & SR.N6

In der nummerischen Modellbezeichnung folgen erst nach den Luftkissen-Seefähren des Typs SR.N4 die Luftkissenfahrzeuge SR.N5 »Warden Class« und SR.N6 »Winchester Class«. SR.N5 absolvierte seinen Erstflug bereits 1964 und gilt als das erste seriengefertigte Hovercraft der Welt. Bristish Hovercraft Corporation baute insgesamt 14 Exemplare. Allgemein bekannt wurde das SR.N5 allerdings erst durch die militärische Version, das von Bell Aerosytems für die US-Streitkräfte gebaute (später auch von der US-Küstenwache betriebene) und – modifiziert – im Vietnamkrieg eingesetzte Luftkissen-Patrouillenboot Bell SK-5 (PACV = »Patrol Air Cushion Vehicle« beziehungsweise ACV = »Air Cushion Verhicle«).

Während SR.N2 und SR.N5 als kommerzielle Seefähren beziehungsweise Testfahrzeuge dienten, wurde SR.N6 von Hovertravel im Juli 1965 (eingerichtet für 38 Passagiere) weltweit als erstes seriengefertigtes Luftkissenfahrzeug im kommerziellen Seefährendienst in Dienst gestellt. Gebaut wurden SR.N6 sowohl bei Saunders-Roe als auch von British Hovercraft Corporation (BHC).

Die Entwicklung des SR.N6 fällt in eine Zeit, als die britischen Fährunternehmen noch in einem »Hovercraft-Fieber« waren und größere, leistungsfähigere Luftkissenfahrzeuge forderten. Natürlich begrüßte man bei Saunders-Roe diese Forderungen auch deshalb, weil firmeneigene Studien bewiesen, dass eine um 100 Prozent gesteigerte Transportkapazität die Leistungsfähigkeit größerer Fähren nur um rund zehn Prozent reduzieren würde und sogar das Luftkissenvolumen unverändert bleiben könnte!

Das erste SR.N6 entstand aus dem neunten seriengefertigtern SR.N5. Die Umrüstung au f SR.N6-Standard dauerte drei Monate und am 9. März 1965 konnte der Prototyp präsentiert werden. Nach einem umfangreichen und zufriedenstellenden Testprogramm wurde das erste SR.N6 von der norwegischen »Scandinavian Hovercraft Promotion« übernommen und auf den Namen »Scanhover« getauft. Noch im selben Monat erhielten die Norweger ein zweites SR.N6.

Wie robust und beweglich Luftkissenfahrzeuge auch in unwirtlichen Umgebungen sind, konnte ein SR.N6 1968 bei einer Expedition auf dem Orinoco und im tropischen südamerikani schen Regenwald beweisen.

Auf eine Länge von 17,78 Meter gestreckt, bieten SR.N6 58 Passagiersitze und operieren im Fährdienst mit eine Reisegeschwindigkeit von rund 90 Stundenkilometern. Einige SR.N6 wurden sogar noch weiter gestreckt und boten folglich eine noch größere Passagierkapazität. Neu bei den SR.N6-Seefähren war ihre heckinstallierte Twin-Propeller-Konstruktion, bei der sich zwei Vierblatt-Druckpropeller (Durchmesser 2,74 m) auf einer Welle in gleicher Richtung drehten und Schub erzeugten. Dank dieser Konstruktion wurde die Blattspitzengeschwindigkeit der Propeller reduziert und ihre Lärmsignatur bedeutend gemindert. Als Antrieb hatte BHC einen Turbomotor Dowty Rotol des Typs Gnome gewählt.

Das Cockpit des »Piloten« war im vorderen Kabinenbereich angeordnet. Damit sie auch unter schwierigen maritimen Bedingungen (Schlechtwetter, Nebel) sicher operieren konnten, waren im Cockpit unter anderem auch diverse Radargeräte installiert.

Militärisch betrieben wurden SR.N6 nicht nur von den britischen Streitkräften, sondern auch von den Marinestreitkräften Italiens, Ägyptens, Iran, Irak und Saudi Arabiens sowie der kanadischen Küstenwache.

Der SR.N6-Prototyp ist im Hovercraft-Museum in Lee-on-the-Solent ausgestellt. Mit rund 22.000 »Flugstunden« in mehr als zwanzigjähriger Dienstzeit ist er das erfolgreichst betriebene Luftkissenfahrzeug weltweit!

Gestartet in Southsea (Portsmouth) ist ein SR.N6 des Fährbetriebs »Hovertravel« in Ryde (Isle of Wight) gelandet. Für Touristen ein grandioses Spektakel! © Ben Brooksbank

10. Juni 2010. Ankunft eines AP1-88 des Fährbetriebs Hovertravel in Ryde (Isle of Wight). Die Passagiere sind Besucher des Isle of Wight Festival. © Editor5807

BRITISH HOVERCRAFT CORPORATION/WESTLAND AEROSPACE AP1-88

Entwicklung

Während den Managern der britischen Fährbetriebe längst bewusst ist, dass ihre Luftkissen-Seefähren auf dem Ärmelkanal immer unrentabler operieren und über kurz oder lang eingestellt werden müssen, halten sie an der englischen Süd- und Westküste mit einer Mischung aus Nostalgie und Nationalstolz an ihren Luftkissenfahrzeugen fest. Denn im Vereinigten Königreich gelten Hovercraft inzwischen als ebenso britisch wie Cricket, Cheddarkäse oder lauwarmes Bier ohne Schaumkrone. Letztendlich entscheidend für die Konstruktion rentabel betreibbarer Luftkissen-Seefähren waren in erster Linie die Öl- und Energiekrisen 1973/79. Hovercraft der ersten Generation »flogen« ihren Fährbetrieben immer größere Verluste ein und so wurden deren Forderungen nach effizienteren Luftkissenfahrzeugen immer drängender.

Bereits im Betrieb befindliche Hovercraft sollten nachgerüstet werden, um bei reduzierten Betriebskosten zusätzliche Passagiere und Fahrzeuge aufnehmen und folglich ihre Nutzlast vergrößern zu können.

Darüber hinaus forderten die Fährbetriebe für Luftkissenfahrzeuge der nächsten Generation eine erheblich gedämpfte Lärmsignatur – zum Komfort der Passagiere und geringerer Umweltbelastung. Ray Wheeler, Chefkonstrukteur der BHC erkannte, dass die enorme Lärmbelästigung durch die hohe Blattspitzengeschwindigkeit (erreichte oft fast Schallgeschwindigkeit!) der Antriebspropeller verur-

AP1-88 auf zeitgenössischer Ansichtskarte

sacht wurde. Ganz oben auf der Wunschliste der Fährbetriebe stand die Erwartung, zukünftige Hovercraft-Seefähren sehr viel preiswerter kaufen und betreiben zu können, und zwar rund 50 Prozent günstiger als SR.N6.

Um die Forderungen des Marktes nach einem preisgünstigeren und größeren Nachfolger des SR.N6 erfüllen und finanzieren zu können, verbündete sich BHC mit dem Fährbetrieb Hovertravel. Finanziell unterstützt wurden Entwicklung und Bau des moderneren Hovercraft durch einen Kredit der British Technology Group (BTG) in Höhe von 237.000 Pfund. Gleichwohl trug BHC die Gesamtkosten von fast einer Million Pfund. Ende der 1970er Jahre waren die Vorbereitungen so weit gediehen, dass die Entwicklungsarbeiten für die Luftkissen-Seefähre der nächsten Generation unter Leitung von Ray Wheeler beginnen konnten.

Schon frühzeitig war in der Entwicklungsphase entschieden worden, die bisher genutzten Gasturbinen durch leistungsstärkere Dieselmotoren zu ersetzen. Dieselmotoren waren bedeutend leiser, verbrauchten weniger Treibstoff, waren in der Anschaffung rund 80 Prozent preiswerter und benötigten einen sehr viel geringeren Wartungsaufwand.

Außerdem nutzte das neue Hovercraft erstmals separate Triebwerke, und zwar je zwei für »Hubgebläse« und Vortrieb. Glaubt man Ray Wheeler, so ist Dick Stanton-Jones, BHCs Generaldirektor, für die Modellbezeichnung AP1-88 verantwortlich. Er hatte wiederholt gewünscht, das neue Luftkissenfahrzeug nach BHCs Advanced Project Office zu benennen: AP118. Versehentlich wurde diese Modellbezeichnung dann aber falsch übernommen: AP1-88.

Der erste Prototyp dieses Hovercraft der nächsten Generation wurde im März 1983 fertiggestellt. Waren die vorherigen Hovercraft noch von Gasturbinen angetrieben worden, so kam mit dem AP1-88 nun das erste Luftkissenfahrzeug mit Dieselmotoren zum Einsatz. Dieselmotoren boten nicht nur gesteigerte Wirtschaftlichkeit, sondern auch eine deutlich höhere Zuverlässigkeit in Bezug auf Schäden durch Meersalzwasser.

Parallel zur Fertigstellung eines zweiten Prototyps wagte BHC, fünf dieser neuen Luftkissenfahrzeuge in Serie zu fertigen, lange bevor bekannt war, ob die Fährbetriebe diese neuen Hovercraft akzeptieren und bestellen würden.

Gemäß BHC verlief die Erprobung der neuen Hovercraft problemlos und bis zur endgültigen Serienfertigung waren nur unbedeutende Änderungen erforderlich. So mussten beispielsweise die Motoren und die Treibstoffbehälter zur Verbesserung der Schwerpunktlage des Fahrzeugs nur ein wenig in Fahrtrichtung verlagert und nachträglich Trennwände (Firewalls) zur Abdämmung der Motorwärme installiert werden.

BHC hoffte, im Laufe des nächsten Jahrzehnts insgesamt 90 bis 100 AP1-88 verkaufen zu können und erwog sogar, die Konstruktion einer noch größeren Version für 200 bis 250 Passagiere.

Konstruktion

AP1-88 war als mittelgroßes Luftkissenfahrzeug konstruiert und unterschied sich von den bisher von BHC konstruierten und gefertigten Hovercraft durch das Triebwerk: Statt einer Gasturbine erhielt AP1-88 vier Dieselmotoren. Das Wissenschafts- und Technologiemagazin »New Scientist« kommentierte diese Entscheidung mit vorsichtigem Optimismus und der Hoffnung, dass das Hovercraft nun endlich volljährig werde. Wie bereits dargelegt, konnte das AP1-88 leiser betrieben werden. Optisch unterschied es sich von seinen Vorgängern auf den ersten Blick nicht nur durch die beiden heckinstallierten hölzernen Dreiblatt-Verstellpropeller, sondern auch durch das im Bugbereich hoch positionierte Cockpit, wodurch die Rundumsicht des »Piloten« bedeutend verbessert wurde.

Der Rumpf war geschweißt, sodass auf Nieten verzichtet werden konnte. Dank Verbesserung (Leistungssteigerung) der Schürzentechnologie, konnten BHCs Techniker eine schwerere Struktur wählen, bewährte Elemente aus dem Schiffsbau übernehmen und AP1-88 folglich sehr viel preiswerter fertigen und daraufhin ihr neues Konzept stolz-scherzhaft kommentieren als »Übergang von niedrig fliegenden Flugzeugen zu hoch fliegenden Booten«.

Zur Minderung der Lärmsignatur wurde nicht nur die Blattspitzengeschwindigkeit der Antriebspropeller reduziert, sondern die Propeller auch seitlich ummantelt, um Querbewegungen des Fahrzeugs im »Flug« zu vermeiden.

Mussten frühere Luftkissen-Seefähren zur Aufrechterhaltung des Schürzendrucks ihre Hauptmotoren auch in den Terminals mit hohen Geschwindigkeiten weiterlaufen lassen und folglich eine starke Lärmbelästigung verursachen, so waren die AP1-88 dank der separaten Anordnung ihrer Triebwerke für Auftrieb (Luftkissenbefüllung) und Vortrieb auch in dieser Betriebsphase komfortabler und passagierfreundlicher.

Bei einer Fahrzeit von gut zwei Stunden, konnte AP1-88 maximal 101 Passagiere befördern. Wurde die Passagierkabine für maximal nur 90 Personen eingerichtet, konnte die Fahrzeit auf fast fünfeinhalb Stunden verlängert werden.

Neben dem Vollkabinenmodell konstruierte BHC verschiedene andere Varianten, unter anderem ein Halbkabinenmodell für 40 Passagiere plus Fracht (einschließlich Pkw). Eine Vollfrachtvariante zur kommerziellen und militärischen Nutzung war für eine Nutzlast von bis zu acht Tonnen ausgelegt.

Als Betriebskosten je Stunde prognostizierte BHC ungefähr 120 Pfund, wobei davon ausgegangen wurde, dass das Luftkissenfahrzeug jährlich zwischen 2000 bis 3000 Betriebsstunden auf einer typischen 19-km-Route verkehrte.

Konzeptionell hätte AP1-88 neben dem Seefährbetrieb mühelos für eine Vielzahl anderer Aufgaben umgerüstet werden können, wie zum Beispiel für SAR (Suchen und Retten) oder als Eisbrecher, Feuerlöscher und U-Bootjagd.

»Lebenslauf«

Von Sir Christopher Cockerell »Tenacity« getauft, wird das erste AP1-88 im März 1983 fertiggestellt. Die nur ein Vierteljahr später folgende »Resolution« wird prompt von der US Navy beschafft. Daraufhin vergehen fast zwei Jahre, bis als drittes AP1-88 die Seefähre »Perseverance« fast pünktlich zu BHCs zwanzigstes Firmenjubiläum (gegründet im März 1966) erscheint.

Der Fährbetrieb Hovertravel beschaffte zwei AP1-88-100 für ihre planmäßigen Personenfährdienste, musste jedoch feststellen, dass deren Triebwerke so schwach waren, dass die Fahrzeuge bei starkem Gegenwind auf den vorgesehen Routen nicht schneller als 55 Stundenkilometer »fliegen« konnten und sogar Triebwerkpannen zu befürchten waren. Offensichtlich waren diese Befürchtungen dermaßen begründet, dass BHC (seit 1970 Tochterunternehmen der Westland Aircraft, seit 1984 Westland Aerospace) schließlich anbieten musste, beide AP1-88-100 umzurüsten. Sie wurden um 91 cm gestreckt und ihre vier Deutz-Dieselmotoren durch zwei leistungsstärkere Großdieselmotoren der deutschen Motoren- und Turbinen-Union Friedrichshafen (MTU) ausgetauscht. Nach dieser Modifizierung trugen sie fortan die Bezeichnung AP1-88-200. Hovertravel stellte seine letzten AP1-88 2018 außer Dienst.

AP1-88 sind auch von der kanadischen Küstenwache beschafft worden. Gebaut wurden diese Luftkissenfahrzeuge unter Linzenz von Hike Metal, Wheatley (Ontario, Kanada). Auch in Australien und China wurden AP1-88 lizenzgefertigt.

AP1-88 »fliegt« an Land
© Griffon Hoverwork

	AP1-88-100
Gewicht (max. t)	47,6
Länge (m)	24,50
Breite (m)	11,20
Höhe (m, auf Luftkissen)	6,60
Geschwindigkeit (km/h)	93
Fahrstrecke (Stunden)	2 ¼ mit 101 Passagieren, 5 ½ mit 90 Passagieren
Motorleistung (Deutz Diesel, PS)	4 x 600 PS
Passagiere (max.)	101
Besatzung	3

AP1-88 der Hovertravel-Flotte am Terminal Ryde (Isle of Wight) © Editor5807

ARCADIA
HOVERTRAVEL

Griffon Hoverwork Werksanlagen in Southampton, April 2014.
© Gerd Fahrenhorst

GRIFFON HOVERWORK – WELTGRÖSSTER HERSTELLER VON LUFTKISSENFAHRZEUGEN

1976 betritt das in Southampton ansässige Unternehmer den Hovercraft-Markt: Griffon Hovercraft Ltd. Unter der Leitung von Dr. Edwin William Henry »Giff« Gifford (* 20. März 1921, † 16. Mai 2014) beginnt das Unternehmen mit der Entwicklung einer eigenen Hovercraft-Produktpalette und bringt 1983 mit dem 1000TD sein erstes dieselbetriebenes Luftkissenfahrzeug auf den Markt. 2008 von der Bland Group (1810 gegründet, u. a. im Transportwesen tätig; Firmensitz: Gibraltar) geschluckt, fusioniert Griffon Hovercraft Ltd. im folgenden Jahr mit ihren 1968 beziehungsweise 1982 gegründeten Tochterunternehmen Hoverwork und Hovercraft Consultants und firmiert seit 2009 als Griffon Hoverwork Ltd.

Seit 2009 ist Griffon Hoverwork Ltd. der einzig verbliebene britische und weltweit sogar der größte und erfolgreichste Hersteller von Luftkissenfahrzeugen. Gegenwärtig fertigt Griffon Hoverwork Luftkissenfahrzeuge für kommerzielle und militärische Betreiber und spezielle Seedienste für Kunden in mehr als 40 Ländern rund um den Globus. Unter seinen bisher weit mehr als 200 ausgelieferten Luftkissenfahrzeugen gilt das Hovercraft Griffon 2000TD als das kommerziell erfolgreichste.

Griffon Hoverworks Geschichte ist eng verbunden mit Sir Christopher Cockerell. Als er wenige Jahre vor seinem Tod einmal trotzig äußerte: »Es wird immer Hovercrafts geben!« wurde er – mit Blick auf die Vorbereitungen für den Eurotunnel und die drohende Einstellung der immer unrentabler werdenden Fährdienste über den Ärmelkanal – noch belächelt. Aber er hat recht behalten und wie die mehr als 40jährige Erfolgsgeschichte von Griffon Hoverwork Ltd. beweist, sind Luftkissenfahrzeuge überlebensfähig und global erfolgreich!

Geschichte

Griffon Hoverworks Geschichte ist eng verbunden mit den beiden Wegbereitern der modernen Luftkissenfahrzeuge: Christopher S. Cockerell und dem erfolgreichen Ingenieur, Architekt, Brücken-, Straßen- und Schiffbauer Dr. Edwin William Henry »Giff« Gifford.

Verbindet diese beiden Visionäre anfangs noch die gemeinsamen Interessen an der Entwicklung des Luftkissenfahrzeugs und seine Nutzung als Seefähre, so zeigen sich schon zu Beginn der 1960er Jahre unüberbrückbare Meinungsverschiedenheiten -- hier der technische Autodidakt, dort der geschulte, vielseitig erfolgreiche und weit vorausschauende Ingenieur.

Früh erkennt »Giff« die Möglichkeiten der Hovercraft-Technologie zur kommerziellen Nutzung, gründet 1967 den Fährbetrieb

Gruppenfoto mit Christopher S. Cockerell (Mitte) und Dr. Edwin William Henry »Giff« Gifford (* 20. März 1921, † 16. Mai 2014). Mit Helm John Gifford, Maschinenbauingenieur und Geschäftsführer bei Griffon Hovercraft.
© Griffon Hoverwork

Hovertravel Ltd. und eröffnet die ersten planmäßigen Personenfährdienste zwischen der englischen Südküste und der Isle of Wight. Nur ein Jahr später gründet er Hoverwork Ltd. gemeinsam mit dem Ingenieur Don Robertson, führt mit diesem Unternehmen den Fährbetrieb Hovertravel und seine Hovercraft-Fertigung unter ein gemeinsames »Dach« und bietet sogar einen weltweit aktiven Charterdienst für Luftkissenfahrzeuge an.

»Giff« ist erfolgreich, gründet Griffon Hovercraft Ltd. und konstruiert parallel Luftkissenfahrzeuge sowohl für kommerzielle als auch für militärische Betreiber.

Wurden Hovercraft bislang mit Gasturbinen angetrieben, wählt »Giff« für seine Konstruktionen nun Schiffsdieselmotoren. Sie sind leistungsfähiger, zuverlässiger und bieten eine längere Nutzungsdauer beim Einsatz unter Meerwasserbedigungen.

Zur Gestaltung und Verbesserung der Schürzentechnologie für große Luftkissenfahrzeuge gründet »Giff« 1982 als weiteres Tochterunternehmen Hovercraft Consultants Ltd. und bringt ein Jahr später mit dem 1000TD sein erstes dieselbetriebenes und 62 Stundenkilometer schnelles Luftkissenfahrzeug auf den Markt.

Nicht nur Fährbetriebe und Militärs erkennen, welche ungewöhnliche Möglichkeiten Luftkissenfahrzeuge bieten. So übernimmt die britische Wohltätigkeitsorganisation RNLI (Royal National Lifeboat Institution), die sich an der Küste des Vereinigten Königreichs der Rettung von Menschen aus Seenot (auch aus Wattenmeer und Treibsand) widmet, im Jahr 2000 ihr erstes Hovercraft und betreibt seit 2002 eine Flotte von sieben Luftkissenfahrzeuge des Typs 470TD (auch als H-Klasse bekannt und 70 km/h schnell).

Vielseitig verwendbar, dienen Hovercraft bei Forschungseinsätzen in der Antarktis © Griffon Hoverwork

Wissenschaftler entnehmen Meerwasserproben © Griffon Hoverwork

Luftkissenboot der pakistanischen Marine © Griffon Hoverwork

Im Jahr 1993 übernahmen die britischen Royal Marines das erste von mehreren für militärische Einsätze optimierte 2000TD. Einsatzschwerpunkte dieser Fahrzeuge sind amphibische Operationen. So nahmen sie 2003 an der Invasion des Irak teil, wo sie sich besonders bei Hochgeschwindigkeitspatrouillen im Einzugsgebiet des Zubayr-Flusses südlich von Basra bewährten. Beginnend 2008, haben die Royal Marines ihre 2000TD inzwischen durch verbesserte und leistungsgesteigerte 2400TD ersetzt.

2008 stellt der Feuer- und Rettungsdienst Avon Fire & Rescue Service (AF & RS) ihr erstes 380TD in Dienst. Mit rund 900 Angestellten ist AF & RS im Südwesten Englands (Bath und North East Somerset sowie Bristol, North Somerset und South Gloucestershire) aktiv.

Griffon Hoverwork orientiert sich bei der Konstruktion neuer Luftkissen-Seefähren nicht nur an den Forderungen der Käufer und Betreiber, sondern – gestützt auf umfangreiche Marktanalysen des Fährbetriebes Hovertravel – ebenso intensiv an den Wünschen der Passagiere. So geschehen in den 2010er Jahren bei Entwicklung und Konstruktion des Griffon 12000TD.

Ins Licht der Weltöffentlichkeit traten die Luftkissenfahrzeuge im Juli/August 2010 in Pakistan, als dort als Folge eines außergewöhnlich starken Monsunregens die gesamte Infrastruktur vernichtet wurde. Brücken und Straßen waren zerstört und humanitäre Hilfe für mehr als 20 Millionen Menschen schien unmöglich. In dieser extremen Notlage bewährte sich die Hovercraft-Flotte der pakistanischen Marine. Ihre 2000TD überwanden mit Trümmern übersäte Flüsse und überflutetes Gelände ohne Weg und Steg. Als Helfer in größter Not brachten sie Nahrungsmittel und medizinische Hilfemittel in die entlegensten Regionen, evakuierten Menschen und retteten Verletzte.

Pakistans Nachbar Indien beobachtete die Leistungsfähigkeit der pakistanischen Luftkissenfahrzeuge mit Interesse und beschaffte bereits 2012 für seine Küstenwache zwölf fabrikneue 8000TD für Küstenschutz sowie Such- und Rettungsdienste.

Keine zwei Jahre vergingen, bis auch die südkoreanische Küstenwache Luftkissenfahrzeuge in Dienst stellte. Mit dem BHT-150 beschaffte sie das größte bisher von Griffon Hoverwork gebaute Luftkissenfahrzeug. Es ist 31 Meter lang und transportiert bis zu 20 Tonnen Nutzlast.

Ebenfalls 2014 übernahm der Flughafen Auckland (Neuseeland) sein zweites 2000TD. Denn seine Pisten sind teilweise in unwegsamen Schlammzonen eingefasst und wären im Katastrophenfall mit konventionellen Hilfsfahrzeugen nur schwer zugänglich. So vertraut man auch dort, am anderen Ende der Welt auf die Fähigkeiten der mühelos und schnell über unwegsames Gelände schwebenden Hovercraft...

Längst verfügen Luftkissen-Personenseefähren über schallgedämmte Antriebe, bieten ihre Kabinen gute Sicht nach außen und bequeme Aus- und Einstiegmöglichkeiten.

Griffon Hoverwork Ltd. ruht nicht in seiner erfolgreichen Unternehmensgeschichte, lehnt sich nicht zufrieden zurück, sondern ist bestrebt, mit seinen »fliegenden« Fahrzeugen auch bei zukünftigen Entwicklungen (Umweltschutz!) nicht nur Schritt zu halten, sondern die Zukunft des Luftkissenfahrzeuges innovativ und wegweisend zu gestalten – im kommerziellen und militärischen Bereich.

GRIFFON HOVERWORKS PRODUKTPALETTE

»Wir bauen die fortschrittlichsten und zuverlässigsten Luftkissenfahrzeuge der Welt für militärische und kommerzielle Einsätze... Unsere Luftkissenfahrzeuge – egal ob mit kleiner oder großer Nutzlast – bieten schnelle, direkte und kostengünstige Seetransporte mit international anerkannten Standards. Sie befördern Menschen zu den entlegensten Orten und transportieren Fracht wo auch immer sie benötigt wird.« So bewirbt Griffon Hoverwork Ltd. seine Fahrzeuge und trifft mit diesen Feststellungen den berühmten Nagel auf den Kopf. Griffon Hoverworks Produktpalette bietet ein umfangreiches Sortiment unterschiedlicher Typen für kommerzielle und militärische Betreiber im In- und Ausland: Von der Seefähre bis zum Seenotretter und vom Feuerlöschfahrzeug bis zu militärisch genutzten Fahrzeugen. Wie umfassend und kundenorientiert Griffon Hoverworks Produktpalette ist, zeigen die nachfolgenden Darstellungen:

Griffon 380TD

Zur zivil-kommerziellen Nutzung konstruiert, ist das 380TD ein einfaches, 6,80 m langes Fahrzeug. Es kann fünf Personen befördern und maximal 380 Kilogramm transportieren.

Aus seefestem Aluminium und modernen Verbundwerkstoffen gefertigt, ist das 380TD leicht und – von einem »Piloten« bedient – ideal geeignet für Einsätze im Wattenmeer, Sümpfen, Eis und Überschwemmungsgebieten, Fluss- und Flachwasserpatrouillen, Vermessung und Wasser-Probeentnahmen.

Griffon 995ED

Das 995ED gilt als das fortschrittlichste Luftkissenfahrzeug in Griffon Hoverworks Produktpalette. Konstruiert mit Blick auf kommerzielle und militärische Kunden, wird das Fahrzeug dank idealem Leistung-Gewicht-Verhältnis von zwei Standard-Elektromotoren und einem 67 kW leistenden Dieselmotor Ford Tyger auf maximal 55 Stundenkilometer beschleunigt. Der Tyger-Motor treibt auch das hocheffiziente integrierte »Hubgebläse« und einen elektrischen Generator an. Seine Lärmsignatur ist schwach. Ein 995ED befördert bis zu acht Personen, bietet als Krankentransporter Platz für zwei Tragbahren und kann – wie seine Modellbezeichnung verrät – bis zu 995 Kilogramm Nutzlast transportieren.

Luftkissenfahrzeuge des Typs 995ED finden besonders in Dritte-Welt-Ländern großes Interesse. Wo Menschen als Folge des Klimawandels immer häufiger durch Überschwemmungen und Tsunamis bedroht werden, bieten sich 995ED als ideale »Nothelfer« an. Wo konventionelle Rettungsboote nicht mehr operieren können, der Einsatz von Hubschraubern zu kostspielig oder wegen geringer Nutzlast- und Passagierkapazität wenig hilfreich ist, Straßen und Brücken zerstört sind, können 995EDs dank ihrer Hindernisfreiheit von 50 Zentimetern über fast jede Oberfläche »fliegen«.

Sogar wenn ein Leistungsmodul ausfällt, bleibt ein 995ED noch – wenn auch mit verminderter Leistungsfähigkeit – einsatzbereit.

Die große Kabine kann leicht für verschiedene Einsatzmöglichkeiten umgerüstet werden: Such- und Rettungsdienst, Vermessung, Personenfähre oder militärische Verwendung. Konsequent nutzt Griffon Hoverwork technische Fortschritte. So werden zur Reduzierung des Gesamtgewichts die Leichtmetallkomponenten des Rumpfs erstmals in Spritzpress-Technologie verarbeitet und statt von konventionellen Rudern mit Azimut-Propellerkanälen gesteuert.

Obwohl extrem leicht, ist das Fahrzeug dank seiner modernen Fertigungstechnik sehr robust.

Griffon 380TD © Griffon Hoverwork

Griffon 995ED. Im Schwebezustand ist das Fahrzeug 8,60 m lang und 5,20 m breit.
© Griffon Hoverwork

Griffon 995ED im Such- und Rettungseinsatz
© Griffon Hoverwork

Griffon 2000TD

Anfang der 1990er auf den Markt gebracht, waren die Luftkissenfahrzeuge der 2000er Serie etwas kleiner als die älteren SR-N6 und wurden wie diese in erster Linie von kommerziellen und militärischen Betreibern eingesetzt.

Ermutigt durch die erfolgreiche 2000er Serie entsteht 2008 das Griffon 2000TD. Der von einem Deutz-Schiffsdieselmotor (Turbolader, elektronisch gesteuertes Treibstoffeinspritzsystem) angetriebene Dreiblatt-Verstellpropeller ermöglicht gemeinsam mit modernem Schürzendesign optimale Leistungsfähigkeit und hohe Geschwindigkeit Die Luftkissenfahrzeuge des Typs 2000TD gelten als außerordentlich zuverlässig, sind vielseitig verwendbar, befördern 12 – 15 Personen beziehungsweise Nutzlasten bis maximal 2200 Kilogramm. Rund um den Globus haben sie sich sowohl als Helfer und Lebensretter bei Naturkatastrophen als auch in militärischen Konflikten bewährt.

Aus salzwasserfestem, sehr leichten Aluminium und modernen Verbundwerkstoffen gefertigt, garantiert der Rumpf hervorragende Festigkeit und hohe Nutzungsdauer.

Abhängig von der Verwendung kann die Kabine einfach und schnell von Personen- auf Frachtbetrieb umgerüstet werden.

Dank demontierbaren Seitendecks lassen sich 2000TDs schnell für den Straßentransport umrüsten und in einem 40-Fuß-Container auf Tieflader oder beispielsweise in einem Transportflugzeug Lockheed C-130 »Hercules« transportieren. Ihre zivilen Einsatzmöglichkeiten sind vielseitig und reichen von Such- und Rettungsdiensten über Personenfähren bis hin zu Krankentransportern.

Militärisch beziehungsweise paramilitärisch werden 2000TD für zahlreiche Aufgaben verwendet – von Kampfeinsätzen bis hin zu Küsten-und Grenzschutz und Verwundetentransport. Neben den britischen Royal Marines haben auch Länder wie Belgien, Estland, Finnland, Indien, Kolumbien, Litauen, Pakistan, Peru, Polen und Schweden Griffon 2000TD für ihre Marine, Grenz- und Küstenwache beschafft.

	Griffon 2000TD
Besatzung (mind.)	1
Passagiere	8 – 15
Länge (m)	12,70 (schwebend), 11,70 (nicht schwebend)
Breite (m)	6,10 (schwebend), 5,90 (nicht schwebend)
Gesamtgewicht (t)	3,5
Nutzlast max. (kg)	2200
Motor	1 Deutz-Diesel für Schweben und Vortrieb
Motorleistung (PS)	350
Propeller	Dreiblatt-Verstellpropeller
Höchstgeschwindigkeit (km/h)	63 (bis max. Windstärke 3)
Reichweite (km)	74 (bei 35 km/h)
Betriebsdauer (Stunden)	10

2000TDX »Christina« der litauischen Grenzpolizei, beschafft im Jahr 2000. Größtenteils aus Aluminium gefertigt, sind 2000TDX beispielsweise kaum halb so schwer wie die älteren SR.N6. © Bahnfrend

2000TD in eisigen Gewässern © Griffon Hoverwork

2000TD. Royal Marines im Irak 2003. © Griffon Hoverwork

Februar 2016: 2400TD »Landing Craft Air Cushioned« der Royal Marines im Rahmen des NATO-Manövers »Cold Response 16« in Norwegen. Verglichen mit der 2000TD bieten 2400TD höhere Nutzlastkapazität und verbesserte Beschusssicherheit. © DefenceImagery, UK

Griffon 2450TD

Bei diesem Typ handelt es sich um die verbesserte, leistungsgesteigerte und größere Version des allseits bewährten 2400TD. Als »fliegende« Plattform genügt das 2450TD zahlreiche Anforderungen unter extremen Umweltbedingungen. Trotz gesteigerter Nutzlast und Mitführung/Installierung zusätzlicher und spezieller Ausrüstung, bleiben Eigenschaften wie Manövrierbarkeit und hohe Hindernisfreiheit dank dem starken Dieselmotor unverändert gut. So kann beispielsweise ein Kran installiert werden um kleine Fahrzeuge wie Quad Bikes oder Schneemobile in abgelegenen Regionen mit schlechter Infrastruktur an Bord nehmen beziehungsweise absetzen zu können.

Wie sein Vorgängermodell wird das Griffon 2450TD von nur einem Motor angetrieben. Das Fahrzeug ist schnell und robust und seine Kabine kann problemlos zur Personen- und Frachtbeförderung und für Such- und Rettungsdienste eingerichtet, aber auch für militärische Zwecke ausgestattet – das heißt bewaffnet – werden.

Aus salzwasserfestem, sehr leichten Aluminium gefertigt, ist der Rumpf robust, von ho her Festigkerit und zeichnet sich durch große Nutzungsdauer aus. Seine seitlichen Plattformen können beigeklappt werden und erleichtern somit den Transport des Luftkissenfahrzeuges auf Straßen und Frachtschiffen oder mit Transportflugzeugen. Vier Heißpunkte erleichtern das Stauen (beladen) beziehungsweise Löschen (entladen) schwerer oder sperriger Lasten.

	Griffon 2400TD
Besatzung (mind.)	1
Passagiere	10 – 18
Länge (m)	13,40 (schwebend)
Breite (m)	6,80 (schwebend)
Nutzlast max. (kg)	2400
Motor	1 Deutz-Diesel für Schweben und Vortrieb
Motorleistung (PS)	350
Propeller	Dreiblatt-Verstellpropeller
Höchstgeschwindigkeit (km/h)	65 (bis max. Windstärke 3)
Reichweite (km)	74 (bei 35 km/h)
Betriebsdauer (Stunden)	7

Das 2450TD ist (schwebend) 15,20 m lang und (schwebend) 6,90 m breit. Es bietet 15 – 18 Personen Platz, transportiert maximal 2400 kg Nutzlast und kann für militärische Einsätze umgerüstet werden.
© Griffon Hoverwork

Griffon 8000TD

Mit rund 30 v erkauften Exemplaren hat sich Griffons zweimotoriges Modell 8000TD zum erfolgreichsten Produkt des Unternehmens entwickelt. Seit mehr als einem Jahrzehnt ständig weiterentwickelt, gelten 8000TD weltweit als die bewährtesten und vielseitigsten ihrer Klasse und haben sich auch im militärischen Betrieb als 8000TD (M) einen guten Ruf erworben.

Der Rumpf besteht aus einer speziellen sehr leichten, salzwasserfester Aluminiumlegierung und besitzt enorme Festigkeit, Zuverlässigkeit und Langlebigkeit. Zwei wassergekühlte IVECO-Dieselmotoren mit Turboaufladung wirken auf zwei ummantelte Verstellpropeller (Durchmesser 2,60 m) und beschleunigen das Fahrzeug bis 74 Stundenkilometer. Mit 1,25 Meter Höhe bietet die Schürze eine große Hindernisfreiheit auch bei hoher Geschwindigkeit. Die Fähigkeiten der 8000TD werden nicht nur von kommerziell-zivilen Betreibern, sondern auch von Hilfsorganisationen für Such- und Rettungsdienste sowie auch von Militärs geschätzt. So unterhält beispielsweise die indische Küstenwache inzwischen gemäß ihren Anforderungen modifizierte beziehungsweise direkt als Militärversion gefertigte Luftkissenfahrzeuge der 8000TD-Serie. Alle indischen Fahrzeuge sind mit einer 12,7-mm-Kanone bestückt und mit 15 Soldaten besetzt. Ihre ersten sechs 8000TD übernahm Indiens Küstenwache in den Jahren 2000 bis 2002. Zwei Fahrzeuge der Militärversion 8000TD(M) baute Griffon Hoverwork in Southampton, vier wurden in Indien endmontiert und 2010 stellte Indiens Küstenwache 12 weitere »militarisierte« 8000TD in Dienst; das letzte mit der Kennung H-198 am 10. November 2014.

	Griffon 8000TD
Besatzung (mind.)	2
Länge (m)	21,30 (schwebend)
Breite (m)	11,00 (schwebend)
Höhe (m)	5,52
Nutzlast (kg)	9300
Passagiere	50 – 65
Motor	2 IVECO-Diesel für Schweben und Vortrieb
Motorleistung (PS)	1600
Propeller	Dreiblatt-Verstellpropeller
Geschwindigkeit (km/h)	74
Reichweite (km)	365 (bei 42 km/h)
Betriebsdauer (Stunden)	7

8000TD als Feuerwehr
© Griffon Hoverwork

8000TD als Autofähre
© Griffon Hoverwork

8000TDs im Stützpunkt Mumbai der indischen Küstenwache. Das Luftkissenfahrzeug mit der Kennung H-198 wurde am 10. November 2014 in Dienst gestellt. © Griffon Hoverwork

An Land »abgestellte« 8000TDs (Heckansicht) der indischen Küstenwache im Stützpunkt Mumbai (vlnr): H-192, H-194, H-196, H-198. © Griffon Hoverwork

Griffon 8100TD

Als wahres Arbeitspferd in jedem Gelände, hat Griffon Hoverwork mit dem 8100TD eine optimale, zukunftsorientierte Plattform für zivile und militärische Verwendung geschaffen.

Das 8100TD ist der zehn Tonnen schwere, leistungsgesteigerte »große Bruder« des bewährten 8000TD. Aus militärischer Sicht bietet seine größere Nutzlastkapazität erhöhten ballistischen Schutz und ermöglicht die Installierung umfangreicher moderner Ausrüstung, während bei kommerzieller Verwendung größere Frachtmengen und im Personenfährbetrieb bis zu 75 Passagiere befördert werden können.

Rumpfkonstruktion und -gestaltung sowie das Triebwerkkonzept für Schweben und Vortrieb sind im Wesentlichen mit dem 8000TD identisch. Allerdings werden Rumpf und Aufbauten des »großen Bruders« für militärische Betreiber mit hoher Beschusssicherheit gestaltet. Trotz erhöhter Motorleistung (840 PS) erreicht auch das 8100TD »nur« 92 Stundenkilometer. Auch die Hindernisfreiheit von 1,25 Meter entspricht dem »kleinen« 8000TD.

Erster militärischer »Kunde« des 8100TD war die amphibische Brigade der schwedischen Marine. Sie sieht in dem 8100TD das ideale, ganzjährig (auch in Eis und Schnee!) verwendbare Luftkissenfahrzeug (Schwedisch: Svävare«), wobei die starke Motorleistung und hohe Hindernisfreiheit des 8100TD wohl entscheidend waren.

8100TD der schwedische Marine. Ende 2020 betrieb ihre amphibische Brigade drei »Svävare« (schwed.: Luftkissenfahrzeuge) mit den Kennungen 302, 303 und 304. © Griffon Hoverwork

Svävare 302 © Bengt Oerger

Griffon 12000TD

Griffon Hoverworks jüngste Modellreihe: 12000TD. Bei diesen wahrlich bahnbrechenden Luftkissenfahrzeugen mit 12.000 Kilogramm Nutzlast verbinden sich jahrzehntelange Erfahrung und Tradition mit modernster Technologie. Sie verbinden Passagierkomfort mit hoher Geschwindigkeit, der Aufwand für Betrieb und Wartung ist vergleichsweise gering.

Die ersten beiden Griffon 12000TD – »Solent Flyer« und »Island Flyer« – lösten 2016 beim Fahrbetrieb Hovertravel die beiden damals mehr als 30 Jahre alten AP1-88 ab. Benötigten die AP1-88 noch vier Dieselmotoren, so besitzen die 12000TD nur noch zwei leistungsstarke Dieselmotoren für Schweben und Vortrieb.

Der Rumpf ist mit einer Schürze aus Verbundwerkstoff versehen. Dank dieser Schürze kann das Gebläse in dem umschlossenen Raum unterhalb des Fahrzeugs ein permanentes Luftkissen bilden. Auf diesem Luftkissen schwebt ein 12000 TD 1,55 Meter berührungslos über Grund und Wellen.

Schwebend 23,70 Meter lang und 12,80 Meter breit, nimmt ein 12000TD fast die Fläche eines Tennisplatzes ein, ist sieben Meter hoch und befördert bis zu 80 Passagiere.

Als Triebwerk für 12000TD entschied sich Griffon Hoverwork für Zwölfzylinder MAN-Dieselmotoren in V-Konfiguration, Typ D2862 LE124. Sie übertragen ihre Leistung über Zahnriemen an die Propellerwellen und die E-Motoren zum Antrieb der »Hubgebläse«. Jeder Motor treibt jeweils ein Radialgebläse (»Hubgebläse«) und einen Propeller an. Die Drehzahl der Propeller wird über die Drehzahlen der Motoren geregelt.

	Griffon 12000TD
Besatzung	2-3
Länge (m)	23,70
Breite (m)	12,80
Höhe (m)	7,00
Nutzlast (kg)	12.000
Passagiere	80
Höchstgeschwindigkeit über Wasser (km/h)	83
Reisegeschwindigkeit mit voller Nutzlast (km/h)	63
Hindernisfreiheit (m)	1,55
Betrieb, max. Windstärke	5

Für die beiden 12000TD wählte MAN bewusst Landtechnik-Motoren, da diese leichter sind und mittels Radiatorkühlung gekühlt werden. Diese Entscheidung war wichtig, weil die Luftkissenfahrzeuge nicht in direkten Kontakt mit dem Wasser kommen und die für Marine-Motoren typische Wasserkühlung folglich unmöglich ist. Eine Besonderheit der MAN-Aggregate ist, dass sie die MARPOL-Abgasrichtlinien für die Schifffahrt einhalten. Dieses zusätzliche Abgaszertifikat benötigten die Motoren der 12000TD, da sie in Großbritannien auf See als Personenfähren eingesetzt werden. 12000TD verfügen über heckinstallierte Verstellpropeller, deren Steigung sich stufenlos vom Nullpunkt in Richtung Voraus oder Zurück verstellen lässt. Dank dem großen Durchschnitt der Propeller ist ihre Drehzahl – verglichen mit kleineren Pendants – langsamer und ihre Lärmsignatur im Vergleich zu Fahrzeugen ähnlicher Größe deutlich niedriger und mit 74 dB (Dezibel) nur dem üblichen Bürolärm entspricht. Die Steuerung erfolgt über hinter den Propellern angeordnete Ruder.

Zur besseren Manövrierbarkeit versorgen an den Motoren angebaute leistungsstarke Generatoren die dachinstallierten Querstrahler mit elektrischer Energie.

Um einen optimalen Lastenschwerpunkt erreichen zu können, wurden die Motoren im Rumpf möglichst tief eingebaut.

Das Steuerhaus ist zentral über der Hauptkabine angeordnet und bietet optimale Rundumsicht. Zugang zur Passagierkabine erfolgt über zwei Türen am Bug, wobei an backbord eine Treppe und steuerbord eine Rampe (z. B. für Krankentransporte, Rollstuhlfahrer) benutzt wird.

12000TD »Solent Flyer« © Griffon Hoverwork

12000TD »Solent Flyer« landet. © Griffon Hoverwork

Antriebsstrang der 12000TD »Solent Flyer« und »Island Flyer« © MAN Engines

Zwölfzylinder MAN-Dieselmotor D2862 LE 124
© MAN Engines

	MAN D2862 LE124
Leistung	793 kW (1079 PS)
Hubraum	24,24 L
Zylinder (Anordnung)	12 (V)
Trockengewicht	1959 kg
Nenn-Drehzahl	1800 min-1
Minimaler spezifischer Treibstoffverbrauch	199g/kWh (1500)
Verdichtungsverhältnis	19:1

Griffon BHT-Serie

Mit Nutzlastkapazitäten von 18 bis 21 Tonnen rangiert das BHT als derzeit größtes Luftkissenfahrzeug in Griffon Hoverworks aktueller Produktpalette. Speziell für sperrige, schwere Güter sowie als Auto- und Personenfähre sowie militärische Nutzung konzipiert, ist das BHT eine einzigartige Transportplattform mit großer Reichweite. BHTs werden in zwei Versionen unterschiedlicher Größe und Leistungsfähigkeit angeboten, sodass kundenspezifische Anforderungen problemlos realisierbar sind.

Bei Gestaltung des Aluminiumrumpfes orientierten sich Griffon Hoverworks Konstrukteure an bewährten, in der Flugzeugindustrie speziell bei der Tragflächenkonstruktion erprobten Techniken und schufen folglich einen verhältnismäßig leichtes Fahrzeug von extremer Festigkeit, Zuverlässigkeit und Langlebigkeit.

BHTs der »Passenger Configuration« können bis Windstärke 4 – auch dank ihrer Hindernisfreiheit von 1,80 Metern – sicher betrieben werden. Vier leistungsstarke MTU-Dieselmotoren liefern die nötige Kraft für Schweben (2 x 675 kW) und Vortrieb (2 x 899 kW), um ein solch großes Fahrzeug mit voller Nutzlast sicher steuern und betreiben zu können. Die Lärmsignatur ist – nicht zuletzt wegen des Fünfblatt-Verstellpropellers (Durchmesser 3,50 m) – gering.

Wie ihren kleineren Schwestern des Typs 12000TD, operieren auch die Fahrzeuge der »Passenger Configuration« im planmäßigen Fährbetrieb zwischen Ryde (Isle of Wight) und Southsea (Portsmouth).

Vielseitiger verwendbar sind die robuster konstruierten Fahrzeuge der »Well Deck Configuration«. Speziell modifiziert, können sie als

BHT 130 Passenger Configuration »Solent Express« © Griffon Hoverwork

Solent Express

Personen- und Autofähren, zur Küstenwache, als Eisbrecher, im Such- und Rettungsdienst und – bewaffnet, mit Tarnanstrich und mit hoher Beschusssicherheit – auch militärisch verwendet werden.

Dank ihren Strahlrudern operieren diese großen Fahrzeuge sicher und schnell auf engstem Raum. Bei sogenannten Welldeckschiffen ist das Welldeck der ungedeckte Bereich des Hauptdecks zwischen Back und Manöverdeck, das heißt zwischen dem Bugbereich und den mittigen Aufbauten.

Die Fahrzeuge der »Well Deck Configuration« können bis Windstärke vier und bis zu zwei Meter hohen Wellen sicher betrieben werden.

	Passenger Configuration	Well Deck Configuration
Besatzung (mind)	2	2
Länge, schwebend (m)	29,30 – 33,70	30,80 – 32,30
Breite, schwebend (m)	15,00	15,00
Passagiere	130 – 180	47
Nutzlast, max. (kg)	22.500	22.500
Höchstgeschwindigkeit (km/h)	83 über Wasser, max. Nutzlast	83 über Wasser, max. Nutzlast
Betriebsdauer, normal (Stunden)	6	6

BHT »Well Deck Configuration« in der Inselwelt der Aleuten. Sperrige Güter und Radfahrzeuge können, mit Hilfe eines bordeigenen elektro-hydraulischen Systems, über eine Bogenrampe an Bord beziehungsweise von Bord genommen werden. © Griffon Hoverwork

BHT »Well Deck Configuration« © Griffon Hoverwork

FCAC (Fast Craft Air Cushion)

Griffon Hoverwork hat wohl allen Grund, positiv in die Zukunft zu schauen. Als eines der markantesten Zeugnisse für eine wirtschaftlich weiterhin günstige Entwicklung gilt das geplante schnelle und »schwergewichtige« FCAC.

Speziell mit Blick auf den Klimawandel, steigende Meeresspiegel und Naturkatastrophen will Griffon Hoverwork ein Luftkissenfahrzeug realisieren, das notfalls die Bevölkerung in Katastrophengebieten trotz zerstörter Infrastruktur schnell und zielgenau exakt dort mit lebensnotwendigen Gütern jeder Art versorgen kann, wo sie am nötigsten gebraucht werden.

Unter Beachtung kundenspezifischer Anforderungen und Wünsche garantieren die FCACs mit durch Verarbeitung modernster Verbundwerkstoffe Festigkeit, Zuverlässigkeit und Langlebigkeit.

Für Hubgebläse und Vortrieb (auf zwei Propeller großen Durchmessers) sind Gasturbinen des US-Amerikanischen Herstellers Vericor mit 3980 kW/5336 PS Dauerleistung vorgesehen.

	FCAC
Besatzung	3
Länge, schwebend (m)	30,00
Breite, schwebend (m)	16,00
Nutzlast (kg)	35.000 oder 67.000
Passagiere	80
Höchstgeschwindigkeit über Wasser (km/h), geplant	74
Hindernisfreiheit (m)	kA
Betrieb, max. Windstärke	4
Betriebsdauer, normal (Stunden)	5

So könnte das FCAC (Fast Craft Air Cushion) demnächst über die Wellen fliegen © Griffon Hoverwork

Ankunft des »Solent Flyer« in Ryde (Portsmouth).
© Griffon Hoverwork

HOVERTRAVEL

In 1965 gegründet und inzwischen eine »Tochter« der Bland Group, ist Hovertravel der älteste und traditionsreichste Betreiber von Luftkissenfahrzeugen und weltweit der wohl einzig verbliebene kommerzielle Hovercraft-Personenfährbetrieb.

Zwei 12000TD – »Solent Flyer« und »Island Flyer« – verkehren ganzjährig mehrmals täglich fahrplanmäßig (alle 15 – 30 Minuten) auf dem Solent zwischen Southsea (Portsmouth) und Ryde (Isle of Wight); Fahrzeit für die rund acht Kilometer lange Strecke: knapp 10 Minuten.. Bei Ebbe »fliegt« das Luftkissenfahrzeug vor der Anlandung im Ryde-Terminal fast zwei Kilometer weit über Sand und Schlick.

Zum ersten Unfall mit einem kommerziell betriebenen Luftkissenfahrzeug kam es am 4. März 1972. Ungefähr 400 Meter vor Southsea-Terminal wurde SR.N6/012 von einer ungewöhnlich großen Welle getroffen und kenterte. Von den 26 Passagieren verloren fünf ihr Leben. Das Fahrzeug wurde an Land geschleppt und noch im selben Jahr abgewrackt.

Hovertravels Luftkissen-Seefähren bieten ihren Passagieren eine fast exotisch anmutende Atmosphäre. Vor dem »Start« eines 12000TD – »Solent Flyer« oder »Island Flyer« – dauert es nur wenige Minuten, bis es sich die Passagiere auf den gepolsterten Sitzen bequem gemacht haben. Rampe und Treppe werden hochgeklappt und kaum haben sich die Türen mit einem zischenden Geräusch geschlossen, als auch schon die Motoren Druckluft in den von der elastischen Schürze umschlossenen Raum unterhalb des Fahrzeugs pumpen und ein permanentes Luftkissen bilden. Mit einem kurzen, sanften Ruck erhebt sich das Fahrzeug (fliegendes Schiff?, schwimmendes Flugzeug?) und setzt sich, angetrieben von seinen gewaltigen Propellern, auf seinem Luftkissen in Bewegung und überquert den Solent in knapp zehn Minuten. Die auf dieser Route eingesetzte konventionelle Autofähre benötigt für diese rund acht Kilometer lange Strecke fast eine Stunde! Die Überquerung des Solent ist zurzeit der einzige ganzjährige Personen-Luftkissenfahrzeugdienst in Europa.

Hovertravel Terminal in Ryde (Portsmouth)
© Editor5807

»Solent Flyer« in Ryde. Durch zwei Türen am Bug betreten beziehungsweise verlassen die Passagiere das Fahrzeug: An backbord über eine Treppe und steuerbord über eine Rampe für Krankentransporte oder Rollstuhlfahrer. © Griffon Hoverwork

HOVERTRAVEL

Ankunft »Freedom 90«, am Hovercraft Terminal in Ryde (Portsmouth) © Barry Skeates

Steve Atrill, Kapitän und »Chef-Pilot« bei Hovertravel. © Hovertravel

»Freedom 90«, Montage eines neuen Propellers © Editor5807

www.hovertravel.com
FREEDOM 90
HOVERTRAVEL

LVT(A)-1: Gepanzerte Variante des Basisfahrzeugs LTV-1 (»A« steht für »armored« = gepanzert). LVT-1 konnten ohne Konstruktionsänderungen in schwimmfähige Kampfpanzer umgebaut werden. Zur Bewaffnung der LVT(A)-1 wurde der Geschützturm des US-amerikanischen Aufklärungspanzers M3 (als »Stuart« bzw. »Honey« bekannt) mit 37-mm-Kanone und einem koaxial (achsparallel) montierten Maschinengewehr (Kaliber 7,62 mm) übernommen. Der Rumpf war aus korrosionsfestem Stahlblech gefertigt.
© Tyg728

DER WEG ZUM MILITÄRISCHEN LUFTKISSENFAHRZEUG

Seit Menschengedenken wünschen sich Militärs, bei Landeoperationen nicht auf Häfen angewiesen zu sein. Vielmehr sollen ihre Truppen überraschend an günstig gelegenen und gemäß eigenen taktischen Vorgaben ausgewählten Stränden unerwartet und mit überlegener Schlagkraft anlanden und strategische Schwerpunkte bilden können. Vermutlich angeregt durch die sowohl im Wasser als auch auf dem Land lebensfähigen Amphibien, gab es bereits frühzeitig Überlegungen, militärisch nutzbare wasser- und landtaugliche Fahrzeuge zu schaffen. So wurde beispielsweise im 16. Jahrhundert in Italien ein amphibischer Kampfwagen entworfen, der im Wasser mit zwei, durch Muskelkraft angetriebene Schaufelrädern bewegt und an Land von Pferden gezogen wurde. Realisiert oder gar militärisch genutzt, wurden solche Entwicklungen allerdings nicht.

Erst im Zweiten Weltkrieg gelangten zu Wasser und zu Land militärisch nutzbare Amphibien-Fahrzeuge zum Einsatz. Während in Deutschland kleine Volkswagen-Schwimmwagen in größerer Stückzahl gefertigt wurden, entstanden auf alliierter, primär auf US-amerikanischer Seite, schwimmfähige Jeeps, kleine Lastkraftwagen und Panzer sowie kettengetriebene Landungsfahrzeuge (Landing Vehicle Tracked = LVT).

Die Mehrheit der LVTs wurde von den US-Streitkräften im Pazifik eingesetzt., wo sie dank ihren Gleisketten sogar unter Wasser befindliche Korallenriffe überwinden konnten und an Land sehr geländegängig waren. Insgesamt wurden mehr als 18.000 LVTs in verschiedenen Varianten seriengefertigt. Zur Fortbewegung der LVTs diente ein Mischantrieb: Im Wasser auf den Gleisketten montierte Paddelbleche (wie die Schaufelräder eines Raddampfers) und an Land wie die Ketten eines konventionellen Panzers.

Ohne LVTs wäre die US-amerikanische Offensive im Pazifik schwieriger und verlustreicher geworden! Dennoch hatten ihre Einsätze auch schwerwiegende Mängel offenbart. Es verwundert deshalb nicht, dass das US-Verteidigungsministerium hellhörig wurde und erkannte, welche ungeahnten operativen Möglichkeiten Christopher Cockerells Konzept eines Luftkissenfahrzeuges bot. Aufmerksam verfolgte das Pentagon die britischen Bemühungen zur Entwicklung militärisch verwendbarer Luftkissenfahrzeuge, wie zum Beispiel des Ende der 1960er/Anfang der 1970er Jahre bei British Hovercraft Corporation konstruierten, erfolgreich erprobten und schließlich seriengefertigten BH-7 (»Wellington«-Klasse). Als »militarisierte« und größere Weiterentwicklung der SR.N4 und SR.N6 absolvierte der Prototyp seinen »Erstflug« im November 1969.

Januar 2016: BH-7 der Iranischen Marine.
© Erlsan Kouchari

Von 1970 bis 1983 umfassenden Erprobungen unterworfen, diente BH-7 der Royal Navy als Testplattform für zukünftige militärische Luftkissenfahrzeuge. Die Kaiserlich Iranische Marine beschaffte insgesamt vier BH.7 und soll sogar modifizierte eigene Exemplare gefertigt haben.

	LVT-1 Alligator	LVT(A)-1
Besatzung	mind. 3	mind. 5
Beladung	24 Soldaten oder 2 Tonnen	431 kg
Länge (m)	6,55	7,95
Breite (m)	3,00	3,25
Höhe (m)	3,00	3,07
Bodenfreiheit (m)	0,48	0,46
Motor (luftgekühlt)	Reihenmotor Hercules WXLC-3	Sternmotor Continental W-670-9A
Motorleistung (PS/kW)	146/107,5	250/183,9
Treibstoffkapazität (Liter)	188	401
Einsatzmasse (t)	14,7	14,9
Höchstgeschwindigkeit Land (km/h)	20	40
max. Reichweite Land (km)	240	200
Höchstgeschwindigkeit Wasser (km/h)	10	11
max. Reichweite Wasser (km)	100	120
Bewaffnung	2 x Browning MG M1919	37-mm-Kanone M6, 1 x Browning MG M1919

Vom 26. Juni bis 1. August 2014 findet auf Hawaii das bisher größte internationale Marinemanöver RIMPAC (Rim of the Pacific 2014) statt. Beteiligt wasren mehr als 40 Schiffe, U-Boote und Luftkissen-Landungsfahrzeuge sowie mehr als 200 Flugzeuge und 25.000 Soldaten.
© USMC, Pfc 2nd Class Charles White

MILITÄRISCHE LUFTKISSENFAHRZEUGE

In den Zeiten des Kalten Krieges wurden militärisch taugliche Neukonstruktionen jeder Art in Ost und West sorgfältig auf ihre mögliche Verwendung überprüft. So fanden natürlich die Luftkissenfahrzeuge des Christopher Cockerell und ihre leistungsgesteigerten Nachfolgemodelle allergrößte Aufmerksamkeit.

Sir Christopher S. Cockerells Prophezeiung »Es wird immer Hovercraft geben!« wirkte damals, wenige Jahre vor seinem Tod (1. Juni 1999), angesichts des im November 1994 für den Eisenbahnbetrieb freigegebenen Eurotunnels und immer leistungsfähigeren konventionellen Seefähren eher trotzig als überzeugend. Gewiss! Als Seefähren haben die Luftkissenfahrzeuge längst ihre Bedeutung verloren. Dafür erweisen sie sich als militärisch-maritime Komponenten als überlebensfähig, unverzichtbar sowie global erfolgreich und zukunftsorientiert. Nicht nur Heer und Luftwaffe, auch Seestreitkräfte sind bestrebt, ihre schwimmenden Einheiten durch leistungs- und kampfwertsteigernde Maßnahmen aktuellen und zukünftigen Bedrohungen anzupassen. So werden die im Dienst befindlichen Luftkissenfahrzeuge durch immer leichtere Materialien und modernste Verbundwerkstoffe leichter und folglich auch schneller und beschusssicherer, während sie durch Übernahme verbesserter Waffensysteme schlagkräftiger und bedrohlicher werden. Militärs sind aber nicht nur bemüht, vorhandene Waffensysteme zu modernisieren, sondern auch auf der Suche nach neuen, längerfristig optimal einsetzbaren Geräten. Beste Beispiele für die Bemühungen, operative und strategische Verbesserungen zu gewährleisten sind das britische FCAC (Fast Craft Air Cushion) und das von der amerikanischen Textron Systems Corporation entwickelte und truppenreife SSC 100 (Ship-to-Shore-Connector).

© USMC, Pfc Roberto Villa Jr

© USMC, Pfc 2nd Clsass Gary Granger Jr

© US Navy, BMU

© MC3 Dustin Knight

LC
52
M69009
LC52

© US Navy, Mass Communication Specialist 3rd Class Thomas L. Rosprim

© USMC, Pfc Roberto Villa Jr

© USMC, Cpl Aaron Patterson

LCAC-40

GROSSBRITANNIEN

Jahrzehntelang die stärkste Marine der Welt, wurde die Royal Navy nach dem Ende des Zweiten Weltkriegs von der US Navy schnell überholt. Zeigte die Royal Navy in den 1950er und 1960er Jahren noch Größe und Vielseitigkeit, so verringerte sich ihre Stärke von da an unaufhaltsam.

Im Mutterland des Luftkissenfahrzeugs, übernahmen die Royal Marines 1993 das erste von mehreren für militärische Einsätze optimierte 2000TD. Später durch »militarisierte« Griffon 2400TD abgelöst, prüfen die britischen Streitkräfte derzeit die Möglichkeiten des bei Griffon erst auf den Reißbrettern existierende schnelle FCAC (Fast Craft Air Cushion).

Hinweis: Details über die von den britischen Streitkräften verwendeten Luftkissenfahrzeuge siehe Kapitel »Saunders-Roe – Höhenflug und Niedergang« sowie »Griffon Hoverwork – weltgrößter Hersteller von Luftkissenfahrzeugen«.

Griffon 2000TD der Royal Marines, 539 Assault Squadron, auf Patrouille im Irak 2003.
© Laphot Angie Pea/MOD

September 2018. Griffon 2400TD der Royal Marines ,539 Assault Squadron, im Manöver. © Ministry of Defence

VOLKSREPUBLIK CHINA

Erst als Mao Zedong (oder: Mao Tse-tung) 1949 die Volksrepublik China ausrief, wurde die Schaffung starker Marinestreitkräfte (PLAN = People's Liberation Army Navy) für China zur Priorität. Ihre Aufgaben: Unterstützung zur Errichtung und Beibehaltung von Chinas Position als aufstrebende Weltmacht, Beherrschung der an Chinas Küsten angrenzenden Gewässer sowie – irgendwann in der Zukunft – die Eroberung Taiwans.

Inzwischen verfügt China wohl über die zweitgrößte Kriegsmarine der Welt. In Nord-, Ost- und Südflotte gegliedert, steht die PLAN seit Jahren im Mittelpunkt der Modernisierungsanstrengungen, um Chinas Ansprüche zunächst als als Regionalmacht und in naher Zukunft auch auf hoher See und weit entfernt von der eigenen Küste eigene Weltmacht-Interessen geltend machen zu können. So wie die Chinesen beim Aufbau ihrer Kriegsmarine methodisch vorgingen und zuerst sowjetische Schiffe erwarben, schon bald auf eigenen Werften nachbauten und modernisierten, kauften sie schließlich auch westliche Ausrüstung und Fachwissen. Natürlich erkannten sie auch die Bedeutung der im Westen und in der UdSSR entwickelten und militärisch betriebenen Luftkissenfahrzeuge und besitzen inzwischen die – angeblich – größte Luftkissen-Landungsfahrzeugflotte der Welt. Im aktiven Dienst ist eine unbekannte Anzahl des Typs 722 II und 30 Luftkissenfahrzeuge des Typs 724 (die NATO führt beide Klassen als Jinsha II), sechs 726 (NATO-Code: Yuyi) und sechs Fahrzeuge der Subr-Klasse (NATO-Code: Pomornik).

Die Geschichte der Subr im chinesischen Besitz ist spektakulär. Vier Subr übernahm die PLAN von der griechischen Marine und kaufte zwei in der Ukraine. Die Fertigstellung der Subr in der Ukraine geriet in die Wirren der Krim-Annexion durch Russland. Da die PLAN fürchtete, ihre bei den Subr könnten in der zu erwartenden kriegerischen Auseinandersetzung beschädigt werden, ließ sie sie am 1. März 2014 in der Werft in Feodosia (Krim) auf einen Frachter verladen und nach China überführen. Taiwan (Republik China) empfindet die Subr als Bedrohung und dies nicht nur wegen ihrer enormen militärischen Kapazität, sondern weil auch eines der von der Krim evakuierten Fahrzeuge ein Banner mit der Aufschrift »Wiedervereinigung mit dem Mutterland« trug. Gemäß der PLAN-Strategie haben alle ihre Luftkissen-Landungsfahrzeuge die Aufgabe, Truppen und Gerät auf hoher See von Docklandungsschiffen zu übernehmen und anzulanden.

Docklandungsschiff Changbaishan (989) auf dem Nieuwe Waterweg, Rotterdam/Niederlande. © kees torn

	Typ 722 II	Typ 724	Typ 726
Besatzung	kA	kA	5
Länge (m)	27,00	12,40	33,00
Breite (m)	kA	4,70	16,80
Höhe (m)	9,60	kA	kA
Verdrängung (t)	70	6,5	160
Nutzlast	kA	10 Soldaten	60 – 70 Soldaten plus 1 Kampfpanzer oder 2 Schützenpanzerwagen
Triebwerk	4 Gasturbinen	2 Dieselmotoren	2 Gasturbinen
Triebwerkleistung (kW)	kA	380	kA
Verstell-Propeller (Vortrieb)	2	2	2
Geschwindigkeit (km/h)	100	74	148
Reichweite (km)	306	185	320
Bewaffnung	4 x 14,5-mm-MG	unbewaffnet	2 x 14,5-mm-MG, 2 x 7,62-mm-MG

Luftkissen-Landungsfahrzeug Typ 722 II (NATO-Code: Jinsha II) ausgestellt im chinesischen Marinemuseum © XEON

JAPAN

Die Bezeichnung für Japans Seestreitkräfte lautet Kaiso Jeitai oder »Selbstverteidigungs-Streitkräfte zur See«; Englisch: Japan Maritime Self-Defense Force (JMSDF). Nach der Kapitulation 1945 musste Japan auf Streitkräfte verzichten, weshalb in ihrem Namen das Element der Selbstverteidigung hervorgehoben ist. Die JMSDF sind rund 40.000 Mann stark.

Die JMSDF sieht sich mit folgenden Problemen konfrontiert. Da ist zunächst die Nachbarschaft zur russischen Fernostflotte mit ihren Stützpunkten entlang der russischen Pazifikküste. Immer besorgniserregender wird – zweitens – die Nähe zur chinesischen Kriegsmarine, die sowohl an Größe wie auch an Kampfkraft zunimmt. Drittens besteht eine völlige Abhängigkeit Japans vom Seehandel.

Während die Einheiten der japanischen Überwasserflotte sämtlich in Japan gebaut und vorwiegend mit amerikanischen Flugkörpern und Hubschraubern, italienischen Geschützen und einheimischer Elektronik ausgerüstet sind, entsprechen die Luftkissen-Landungsfahrzeuge ihrer amphibischen Einheit den LCAC der US-Streitkräfte.

© USAF, Staff Sgt. Maeson L. Elleman

© USMC, Cpl Jonathan Waldman

Luftkissen-Landungsfahrzeuge der japanischen Selbstverteidigungs-Streitkräfte zur See

2103

© GySgt Chance Haworth

© US Navy, Mass Communication Special Seaman Taurean Alexander

© GySgt Chacne Haworth

© GySgt Chacne Haworth

A18
34·1032

REPUBLIK KOREA (SÜDKOREA)

Die Republik Korea, meist Südkorea genannt, nimmt den südlichen Teil der Koreanischen Halbinsel ein. An einem Brennpunkt der Weltpolitik gelegen, ist diese parlamentarische Demokratie nach Westen orientiert. Bei rund 52 Millionen Einwohnern verfügen die südkoreanischen Streitkräfte über eine Personalstärke von knapp 685.000 Soldaten und sind in vier Teilstreitkräften und zwei paramilitärischen Organisationen gegliedert. Sie kooperieren eng mit den im Land stationierten amerikanischen Streitkräften (United States Forces Korea = USFK). Zahlenmäßig verhältnismäßig schwach, dienen die USFK durch ihre Stationierung primär zur Abschreckung äußerer Feinde (Nordkorea!).

Die südkoreanische Marine (Englisch offiziell: Republic of Korea Navy = ROKN) besteht aus rund 68.000 Soldaten (darunter 29.000 Marineinfanteristen) und verfügt über etwa 170 Schiffe, 20 Flugzeuge und 50 Hubschrauber. Angesichts der Gefahr eines Angriffs aus dem Norden ist die Verteidigung als Hauptaufgabe der ROKN klar umrissen.

Luftkissen-Landungsboote bilden seit 1989 als Solgae-Klasse eine starke Komponente der amphibischen Einheiten. Gestützt auf amerikanischen LCACs, lieferten einheimische Werften zunächst bewaffnete »Solgae 611« (militärische Nutzlast 60 Tonnen beziehungsweise 25 Soldaten), so betrieb ROKN von 2005 bis Ende 2019 sogar drei auf einer russischen Werft gebaute Luftkissen-Landungsfahrzeuge (Solgae LSF 621 – 623; NATO-Code: Tsaplya). Erst als Nachfolger dieser Boote, konstruierte und lieferte Hanjin Heavy Industries, Firmensitz in Busan, ab 2007 erstmals vier rein südkoreanische Luftkissenboote, der nach ihrem Leitschiff benannten Solgae-631-Klasse. Bei der Anlandung überwinden LSF631 bis zu sechs Grad steile Ufer.

In ihrer Entwicklungsphase wurde diese Klasse als LSF-II (Landing Ship Fast II) geführt.

Wie bekannt wurde, wird Hanjin Heavy Industries insgesamt acht LSF II bauen und Boote dieser Klasse vermutlich auch zum Export anbieten.

Solgae LSF622 © Republic of Korea Armed Forces

	LSF631
Besatzung	4
Länge (m)	27,90
Breite (m)	14,60
Höhe (m)	kA
Verdrängung	kA
Standard (t)	100
Normal (t)	155
Nutzlast	150 Soldaten bei 74 km/h oder 1 Kampfpanzer, 2 Schwimmpanzer und 24 Soldaten
Triebwerk	2 Gasturbinen Vericor ETF-40B (2 x Vortrieb, 2 x Hubgebläse)
Triebwerkleistung, Vortrieb (kW)	2 x 3700 – 4100
Propeller (Vortrieb)	2
Geschwindigkeit (km/h)	74
Reichweite (km)	185
Bewaffnung	1 x 20-mm-Maschinenkanone

Solgae LSF631. Das Leitschiff 631 beim »Anlauf« in das Welldeck eines Docklandungsschiffes. © US Navy, Seaman Scott Barnes

Heckansicht eines Docklandungsschiffes (Angriffsschiff) der Dogdo-Klasse der südkoreanischen Marine. Die Klappe des Welldecks ist geschlossen.
© Republic of Korea Armed Forces

6111

SOWJETUNION – RUSSISCHE FÖDERATION

Auch in der Sowjetunion lebte schon früh der Glaube an schnelle, auf Luftkissen über Erde und Wellen schwebende Fahrzeuge. So entwickelt Konstantin E. Ziokowski (* 1857, † 1935), russisch-sowjetischer Erfinder und einer der Vordenker der Raumfahrt, bereits 1927 eine Theorie, um mit Raketen ein Luftpolster unter Fahrzeugen zu erzeugen. Wie der Brite Thornycroft verließen aber auch seine »Gedanken« zu seinen Lebzeiten nicht mehr die Reißbretter.

Glücklicher waren die Aerodynamiker W. I. Lewkow und B. N. Jurjew, die – unterstützt durch den Flugzeugkonstrukteur A. N. Tupolew – Ende der 1920er und in den 1930er Jahren Luftkissenfahrzeuge entwickelten und sogar in ansehnlicher Zahl bauten. Im vorderen und hinteren Bereich in offener Katamaranbauweise konzipiert, war die zum Betrieb dieser Fahrzeuge nötige Luftmasse groß und der zum Schweben erforderliche Überdruck und Tragfähigkeit zu schwach. Folglich wurde ihre Weiterentwicklung schon während des Zweiten Weltkriegs eingestellt.

Die sowjetischen Konstrukteure und Militärs waren damals so euphorisch und hoffnungsfroh, dass sie sogar die Serienfertigung eines Luftkissen-Panzers erwogen...

Seit dem Ende des Zweiten Weltkriegs hat die sowjetische Marine eine in der Marinegeschichte bemerkenswerte Expansion erfahren. In rund vier Jahrzehnten stieg sie von einer leistungsschwachen und weitgehend für die Küstenverteidigung bestimmten Seestreitkraft zu einer funktionsfähigen Tiefwassermarine auf und sehr bald wurde deutlich, dass die UdSSR weltweite Einsätze ihrer Flotte beabsichtigte.

Das Flottenkommando der sowjetischen Marine erkannte als eine der ersten die Möglichkeiten der in Großbritannien erfundenen Luftkissenfahrzeuge und ließ in den 1960er bis

Januar 1985. Ein Luftkissenfahrzeug Projekt 1232 (NATO-Code: Aist) setzt einen Schwimmpanzer PT-76 an Land. © Autor unbekannt

1985. Ein Luftkissenfahrzeug Projekt 1206 (NATO-Code: Lebed) an Bord eines Transportschiffes. © Autor unbekannt

2009. Luftkissenfahrzeug Projekt 1205 (NATO-Code: Gus) als Museumsschiff in Moskau. © Сергей Родовниченко

2012. Luftkissenfahrzeug Projekt 12061E, Deckname Murena E (NATO-Code: Tsaplya). In den 1980er Jahren als vergrößerte Ausführung von Projekt 1206 (NATO-Code: Lebed) für die sowjetische bzw. russische Marine konstruiert/gefertigt, erhielt Südkorea 2006 drei Einheiten im Rahmen eines Kompensationsgeschäftes. Abgebildet ein südkoreanisches Murena E. © Republic of Korea Armed Forces

1980er Jahren für Aufgaben der amphibischen Kriegführung mehrere eigene Entwürfe serienfertigen. Erwähnenswert sind die Luftkissenfahrzeuge Projekt 1232 (NATO-Code: Aist), Projekt 1206 (NATO-Code: Lebed), Projekt 1205 (NATO-Code: Gus), Projekt 12061 (NATO-Code: Murena) und Projekt 12061E (NATO-Code: Murena E)

Subr-Klasse (NATO-Code Pomornik)

Ein technisch bemerkenswerter Durchbruch glückte den Sowjets in den 1980er Jahren mit der Konstruktion und Indienststellung der eindrucksvollen Luftkissenfahrzeuge der Subr-Klasse (auch als »Zubr« bekannt).

Das russische Wort »Subr« bedeutet »Wisent« und ist gleichzeitig auch der Deckname für das sowjetische Projekt 1232.2. Die Boote der Subr-Klasse sind schnell und derzeit die größten Luftkissen-Landungsfahrzeug der Welt. In den 1980er Jahren entwickelt, wurden bis 2014 insgesamt 17 Fahrzeuge auf Kiel gelegt und gebaut; allerdings zwei nach dem Auseinanderbrechen der Sowjetunion noch vor ihrer Fertigstellung auf der Werft abgewrackt. Gemäß dem Forderungskatalog der sowjetischen Marinestreitkräfte für ihre Ostsee- und Schwarzmeerstrategie, sollten die Subr-Fahrzeuge ähnliche Aufgaben wie die vielseitig verwendbaren US-amerikanischen LCAC erfüllen. Das heißt, Sturmtruppen (Marines und/oder Panzerfahrzeuge) überraschend, schnell und gezielt auch an »natürlichen« Stränden absetzen, wobei Subr 1,60 Meter hohe, senkrechte Wände und bis zu 5 Grad steile unbefestigte Uferböschungen problemlos überwindet.

Zur Unterstützung angelandeter Truppen sind die Subr mit schweren Waffen ausgestattet. Auch als Transporter und Minenleger verwendbar, gelten Subr ebenso als ideale Plattformen für Katastrophenhilfe in Küstengebieten.

Hohe Belastbarkeit und exzellente Schwimmfähigkeit gewährleistet der rechtwinklig und pontonförmig konzipierte Rumpf als Hauptladefläche. Die Aufbauten sind in drei Abteile mit zwei längsgestreckten Trennwänden (Schotten) gegliedert. So ist der zentral angeordnete Kampfmittelbereich mit Panzerrampen ausgestattet, während die Haupt- und Hilfstriebwerkzellen, Mannschaftsunterkünfte und ABC-Schutzsysteme außenbords untergebracht sind. Unterkünfte, Kampfstationen, Schlafräume, und Kombüse sind klimatisiert und lärmgedämmt.

Subr zählen zählen zu den beschusssichersten Luftkissenfahrzeugen der Welt. Kommandozentrale und ESM-Radar MS-227 sind durch starke Aluminium-Panzerlegierungen zusätzlich geschützt. Zum Schutz der Besatzung vor atomaren und biologischen Waffen sind Rumpf und Aufbauten luftdicht abgeschlossen. Darüber hinaus sind die Besatzungsmitglieder mit Gasmasken und Schutzanzügen ausgerüstet. Ein spezielles System eliminiert das natürlich Magnetfeld von Fahrzeug und Ladung und schützt vor Magnetminen. Alle Subr sind mit modernen Radargeräten und Systemen zur Elektronischen Kampfführung, SIGINT (Signalaufklärung), ESM-Radar für Unterstützungs- und Überwachungsmaßnahmen und Täuschkörperwerfern ausgerüstet.

	Subr (NATO-Code Pomornik)
Besatzung	31
Verdrängung, max. (t)	555
Länge (m)	57,30
Breite (m)	25,60
Höhe (m)	kA
Tiefgang, max. (m)	1,20
Hindernisfreiheit (m)	1,60
Triebwerk	5 Gasturbinen
Triebwerkleistung (PS)	5 x 10.000
Propeller	3 Vierblatt-Vortrieb-, 4 Hubpropeller
Nutzlast	max. 131 Tonnen oder bis zu 500 voll ausgerüstete Soldaten
Ladefläche (m^2)	400
Höchstgeschwindigkeit (km/h)	110
Marschgeschwindigkeit (km/h)	55 – 74 (bis Windstärke 4)
Reichweite(km)	560
Treibstoffkapazität (t)	56
Bewaffnung	2 x Nahbereich-Flugabwehrsystem AK-630, Kaliber 30 x 165 mm, Kadenz 1500 – 5000 Schuss/min, Reichweite 2 km; div. Raketensysteme für Schiffszielbekämpfung und Flugabwehr; max. 80 Seeminen

Russisches Luftkissen-Landungsfahrzeug der Subr-Klasse (NATO-Code: Pomornik-Klasse). Subr (Engl.: Zubr) können Nutzlasten (Soldaten, Gerät) rund 80 Kilometer vor der Küste auf hoher See übernehmen und anlanden. © Ministry of Defense of the Russian Federation

Ein Fahrzeug der Subr-Klasse am Strand. Ladeluke geöffnet. © US Navy, JO1 Kip Burke

Subr in Bereitschaft auf den Einsatzbefehl wartend. © US Navy, PH1 Scott Allen

1. Juli 2007. Subr-Landungsboot 770 »Jewgeni Kotscheschkow« (vormals MDK-50) der russischen Marine im Hafen von Baltijsk (Pillau). Damals betrieb die russische Marine als zweites Luftkissen-Landungsboot auch noch »Mordowija« 782. © Andrey Runkov

Landungsboot 770 »Jewgeni Kotscheschkow« © Vitold Muratow

Die riesigen Propeller des Landungsbootes 770 »Jewgeni Kotscheschkow« © Vitold Muratow

13. November 2009. NATO-Admirale besichtigen das von der griechischen Marine betriebene Subr-Luftkissen-Landungsboot »Kerkyra« (L-184). 2004 in der Ukraine gebaut, wurde es im Januar 2005 in Griechenland in Dienst gestellt. Insgesamt betreibt die griechische Marine – als einzige NATO-Streitmacht! – vier Subr-Luftkissen-Landungsfahrzeuge.
© US Navy. Mass Communications Speciaslist 1st Class Tiffini Jones Vanderwyst

VEREINIGTE STAATEN VON AMERIKA

Die Marine der Vereinigten Staaten besitzt die mächtigsten Seestreitkräfte, die die Welt bisher gesehen hat. Hunderte von Schiffen, über 600.00 Männer und Frauen Marinepersonal, rund 1500 Marineflugzeuge plus mehr als 200.000 Männer und Frauen des US Marine Corps sichern die Interessen der USA rund um den Globus.

Als Ende der 1950er Jahre Gerüchte über britische Hovercraft kursieren, kontaktiert das Pentagon nicht nur den Verbündeten in London, sondern fordert von der einheimischen Industrie eigene Konstruktionen.

In erster Linie war das US Marine Corps an Fahrzeugen interessiert, die Truppen und schweres Gerät überraschend und mit hoher Geschwindigkeit von See an Land »fliegen« konnten. Es ging dann auch sehr schnell und schon am 28. September 1964 präsentierte Bell Aerospace auf dem Erie-See sein SKMR-1. Dieser sogenannte Hydroskimmer hatte in einem umfangreichen Erprobungsprogramm nicht nur alle Forderungen der US Navy erfüllt, sondern konnte dank ausgeprägter Baukastenkonstruktion auch problemlos für spezielle Verwendungen konvertiert und adaptiert werden. Dieses revolutionäre Fahrzeug wog 35 Tonnen und war fast 20 Meter lang. Sein Antrieb leistete rund 4000 PS und wirkte auf zwei riesige heckmontierte Luftschrauben. Anders als die britischen Luftkissenfahrzeuge besaß der Hydroskimmer keine Schürze und schwebte dank vier Hubgebläsen dennoch einen halben Meter über der Oberfläche.

Als Bells Hydroskimmer an jenem 28. September 1964 mit rund 130 Stundenkilometern knapp über den Wellen des Erie-Sees dahinflog und 13 voll ausgerüsteten Marines blitzschnell an Land setzte, muss es vielen Zuschauern wie das Projekt einer zukünftigen Kriegführung erschienen sein.

Dennoch: Obwohl Hydroskimmer bereits vor und auch noch nach seinem öffentlichen Auftritt in umfassenden Tests bewiesen hatte, dass es das ideale Gefährt für Kampftruppen wie die Marines war, blieb es bei diesem Prototyp und wurde nicht in Serie gefertigt. Stattdessen konzentrierten sich die US-Streitkräfte beim Thema »Luftkissenfahrzeuge« zukünftig auf die britischen Konzepte und hier in erster Linie auf das SR.N6.

Auf Veranlassungen des Pentagon wurden drei SR.N6 unter der militärischen Bezeichnung PACV (Patrol Air Cushion Vehicle = Luftkissen Patrouillenfahrzeug) von British Hovercraft Corporation an Bell Aerosystems geliefert, dort mit Gasturbinen ausgestattet und schließlich von der US Navy als Bell SK-5 erprobt.

Auf den ersten Blick unterschieden sich SR.N6 und Bells erste SK-5 – abgesehen vom Tarnanstrich – durch ein auf dem Führerstand lafettiertes, um 270 Grad schwenkbares Maschinengewehr (Kaliber 12,7 mm). Zur Steigerung der Feuerkraft konnten in den Fenstern M60-Maschinengewehre (Kaliber 7,62 x 51 mm NATO) montiert werden.

Die später von der US Army in Dienst gestellten SK-5 waren weitaus stärker bewaffnet, und zwar mit zwei, in getrennten Ständen lafettierten 12,7-mm-Maschinengewehren, einem fernbedienten 40-mm-Granatwerfer und einem buglafettierten M60-Maschinengewehr. Die Rumpfoberseite war links/rechts neben Kabine beziehungsweise Laderaum (oberhalb der Schürzenabdeckung) abgeflacht und bot aufgesessenen Soldaten Platz.

Vorne steuerbord war das Cockpit eingerichtet, dessen Gestaltung die »Handschrift« der als Hubschrauberproduzent renommierten Bell Aerosystems Company verriet und so wurden die SK-5 oft auch von Hubschrauberpiloten gesteuert.

Backbord in der Kabine befand sich – durch

	SK-5
Besatzung	2
Verdrängung (t)	7,06
Länge (m)	11,60
Breite (m)	7,00
Höhe (m)	kA
Bodenfreiheit (m)	kA
Antrieb	Gasturbine General Electric LM-100
Turbinenleistung (PS)	1014
Treibstoffkapazität (Liter)	kA
Einsatzmasse (t)	kA
Höchstgeschwindigkeit (km/h)	110
max. Reichweite (km)	kA

SK-5 der US Navy in Vietnam. Laut, an Land Staub und über Wasser Gischt aufwirbelnd, wurden die SK-5 von den GIs »Monster« genannt. Meistens sprachen die Soldaten allerdings nur von ihren PAC-Vees (etwa »Päckvies«) © US Navy

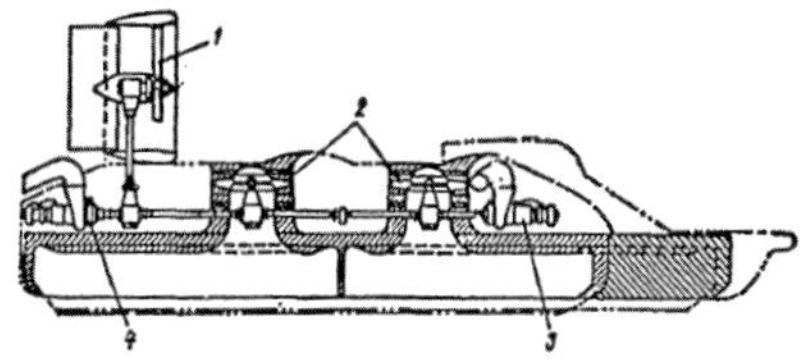

Diagramm des Hydroskimmer Bell SKMR-1
© US Navy

28. September 1964. Bell Aerospace präsentiert Hydroskimmer Bell SKMR-1 auf dem Erie-See.
© US Navy

eine große, nach oben aufklappbare Luke vom Cockpit getrennt – der Arbeitsplatz des Radaroperateurs, der das an einem Mast über dem Cockpit installierte Navigationssystem (Decca 202) bediente.

Die Gasturbine betrieb sowohl den Vierblatt-Propeller (Durchmesser 2,74 m) als auch das Hubgebläse. Ein großes Steuer-Doppelruder war hinter dem Propeller angeordnet.

Dem Kommando »Mobile Riverine Force« unterstellt, verlegten die ersten SK-5 nach Vietnam, wo sie hauptsächlich im Mekongdelta eingesetzt wurden. Da sie über sowohl auf Land und Flüssen sowie in den für konventionelle Patrouillenboote nahezu unpassierbaren großen Überschwemmungsgebieten (»Plain of Reeds«) an der Grenze zu Laos operieren konnten, waren die schnellen und wendigen SK-5 dort fast unbeschränkt einsetzbar.

Nachdem der Vietkong im Sommer 1970 zwei SK-5 der US Army durch Minenfallen außer Gefecht gesetzt hatte, wurden die verbliebenen Boote in die USA zurückverlegt. Insgesamt wurden sieben SK-5 gefertigt.

Als nur ein Beweis für das besondere, lang andauernde Interesse den Pentagon an den britischen Hovercraft und bestrebt, die US-Luftkissenfahrzeug-Flotte ständig zu verbessern ist anzuführen, dass beispielsweise die US Navy noch Mitte 1983 die zweite AP1-88 »Resolution« für vergleichende Tests mit US-amerikanischen Entwicklungen – beispielsweise mit ihren PACV (Patrol Air Cushion Vehicle = Luftkissen Patrouillenfahrzeug) und LCAC (Landing Craft Air Cushion = Landungsfahrzeug Luftkissen) – beschaffte.

Vietnamkrieg, August 1968. Ein SK-5 der US Navy auf Patrouillenfahrt in der »Cau Hai«-Bucht, nahe Hue. Die Bugluke ist hochgeklappt. © US Navy

LCAC (Landing Craft, Air Cushion) = Luftkissen-Landungsfahrzeug

Beim »Inselspringen« im Pazifik und besonders bei ihrer Landung in der Normandie (D-Day, 6. Juni 1944) lernten die Alliierten unter blutigen Verlusten, wie entscheidend es ist, Landungsfahrzeuge ungehindert durch natürliche und/oder menschliche Hindernisse schnell ans Ufer zu bringen, sodass ihre Besatzungen gegen die feindlichen Stellungen anstürmen können, ohne in der Brandung im gegnerischen Abwehrfeuer ungedeckt Hunderte Meter an Land waten zu müssen.

Auf der Suche nach modernen Landungsfahrzeugen, Systemen und Technologien bekundeten die US-Streitkräfte großes Interesse an Luftkissenfahrzeugen, fanden im Hydroskimmer letztendlich aber nicht das ideale Gefährt. Und so kursierte in den Dienststellen der US Navy und des US Marine Corps Ende der 1960er Jahre Konzepte und Pläne, die sich – unter modernen Vorzeichen – wieder auf Christopher Cockerells altbewährte Ideen stützten.

Gefordert wurde ein luftkissengestütztes Fahrzeug, das nicht nur Infanterie, sonder auch schweres Gerät schnell anlanden und wenn nötig über den Strand hinaus ins gegnerische Hinterland vordringen konnte. Und es war erneut die Bell Aerospace Company, die unter der Bezeichnung LCAC (Landing Craft Air Cushioned) einen Prototyp baute. Bell präsentierte schließlich eine Leichtmetall-Konstruktion, deren Ladefläche eher einem Transportflugzeug als einem Marinefahrzeug glich. Die großzügig gestaltete, offene Frachtplattform bot eine Nutzlastkapazität von 60 bis 75 Tonnen. Praktisch bedeutete dies, dass LCACs sogar Kampfpanzer schnell anlanden konnten. Modular konstruiert, können LCACs bei Bedarf schnell und problemlos für Sondereinsätze umgerüstet werden.

Schnell wurden die Planungen so konkret, dass zwei Prototypen realisiert werden sollten: »JEFF A« wurde von Aerojet General in Rancho Cordova (Kalifornien) und »JEFF B« von Bell Aerospace in New Orleans (Louisiana) konstruiert und gebaut. Beide Prototypen erfüllten alle militärischen Forderungen und »JEFF B« schließlich als Basiskonstruktion für die heutigen LCACs gewählt.

1984 übernahm die US Navy ihr erstes LCAC, zwei Jahre später erhielt das Fahrzeugsystem seine noch eingeschränkte vorläufige Einsatzbereitschaft und 1987 wurde die Genehmigung zur Serienfertigung erteilt. Nachdem beide Unternehmen die jeweils 15 LCACs zur Zufriedenheit der US Navy abgeliefert hatten, wurden TMLS (Textron Marine and Land Systems, New Orleans) und Avondale Gulfport Marine, Gulfport (Mississippi) mit der Serienfertigung der weiteren LCACs beauftragt. Insgesamt wurden 91 LCAC seriengefertigt und LCAC 091 im Jahr 2001 von der US Navy in Dienst gestellt.

8. Februar 2013, Golf von Thailand. Von der US Navy 1987 in Dienst gestellt, hat LCAC-008 im Rahmen des Manövers »Cobra Gold 2013« das Welldeck der USS Bonhomme Richard (LHD-6) verlassen, um Geländewagen HMMWV (High Mobility Multipurpose Wheeled Vehicle = meist einfach nur Humvee genannt) an Land zu setzen. © US Navy

1. Februar 1985, Golf von Mexiko: Als erstes LCAC im Jahr 1984 seriengefertigt, beweist LCAC-001 seine Fähigkeiten und »fliegt« erstmalig auf das Welldeck des Docklandungsschiffes USS Pensacola (LSD-38). Auf der Frachtplattform des LCAC 001 ein LVTP-7 (amphibischer gepanzerter Truppentransporter des US Marine Corps). © US Navy, Mass Communication Specialist 2nd Class Jerome D. Johnson

LCAC-002 (in Dienst gestellt 1986) Minuten vor der »Landung« im Welldeck der USS Carter Hall (LSD-50) © US Navy

10. September 2005. Ein LCAC des US Marine Corps setzt mexikanische Soldaten bei Biloxi (US Bundesstaat Mississippi) an Land. Mexiko unterstützte die humanitären Hilfen für die Opfer des Hurrikan Katrina, der Ende August 2005 besonders im Großraum New Orleans große Verwüstungen angerichtet hatte.
© US Navy, Photographer's Mate Airman Pedro A. Rodriguez

Ein Kampfpanzer rollt von Bord eines LCAC. © US Marine Corps, Lance Cpl. R. J. Driver

Im Rahmen des Manövers »Gold Cobra 2002« rollen amphibische Radpanzer des Typs LAV-25 von Bord eines LCAC des US Marine Corps. © USAF, SSgt Jerry Morrison

Ship-to-Shore-Connector

LCAC-091 diente als Ausgangsbasis für das Programm SLEP (Service Life Extension Programm) der US Navy zur Entwicklung eines LCAC der nächsten Generation. Ein als HLCAC (Heavy Lift Landing Craft Air Cushion) mit einer Nutzlastkapazität von rund 145 Tonnen und einer mehr als 30 Prozent größeren Ladefläche wurde 2011 aufgegeben und durch das sogenannte SSC-Projekt »Ship-to-Shore-Connector« ersetzt.

Von Textron Systems Corporation, New Orleans, erfolgreich geplant, konstruiert und erprobt, wurde dieses Unternehmen inzwischen mit dem Bau von vorerst 72 SSC beauftragt.
Am 9. September 2020 meldete Textron die Auslieferung der ersten beiden Ship-to-Shore-Connector (SSC 100 und SSC 101) an die US Navy zur Truppenerprobung in Panama City (Florida).

SSC sollen ihre Nutzlasten (Mannschaften, Gerät) bereits weit vor der Küste (rund 80 Kilometer) von Docklandungsschiffen aufnehmen und – aus einem Zweimann-Cockpit mit Joysticks elektronisch gesteuert – mit hoher Geschwindigkeit an Land setzen – unabhängig von Ebbe oder Flut, Wassertiefe oder Unterwasserhindernissen.

Die Schürze wurde effektiver (geringerer Reibungswiderstand), robuster und leichter gestaltet und durch die Verwendung modernster Materialien größere Nutzlasten und höhere Geschwindigkeit erreicht.

Inzwischen gilt SSC 101 als erstes Connector-Fahrzeug uneingeschränkt truppentauglich und einsatzbereit. Laut Textron bieten SSCs hohe Zuverlässigkeit, geringen Wartungsaufwand und große Transportkapazitäten. Bei einer geplanten Nutzungsdauer von 30 Jahren werden sie US Navy und US Marine Corps nicht nur militärisch, sondern auch bei humanitären Einsätzen langfristig unterstützen.

LCAC-091 war die Basiskonstruktion zur Entwicklung des SSC-Projektes »Ship-to-Shore-Connector«
© US Navy, Jonathan Gibson

	SSC 100 (Ship-to-Shore-Connector)
Besatzung	4
Nutzlast/Beladung (t)	74 (oder 145 bewaffnete Marines oder 108 Personen bei Hospitaleinsatz)
Länge (m)	28,00
Breite (m)	14,60
Höhe (m)	7,90
Bodenfreiheit (m)	kA
Triebwerk	4 Gasturbinen Rolls-Royce MT7
Triebwerkleistung (PS/kW)	kA
Propeller	je 2 für Hub- und Vortrieb
Ladefläche (m)	20 x 7,31
Höchstgeschwindigkeit (km/h)	65 (bis Windstärke 3)
Reichweite(km)	kA
Bewaffnung	kA

SSC 101 beim »Erstflug« im Herbst 2020 © Provided by Textron Systems Corporation

SSC 101 angelandet. Auffällig die effektiver (geringerer Reibungswiderstand), robuster und leichter gestaltete Schürze.
© Provided by Textron Systems Corporation

LCAC
U.S. NAVY

Personenfahrgastschiff »Raketa« am Ufer der Wolga. Von Rostislaw J. Alexejew konstruiert, wurden ab 1957 rund 100 dieser Bodeneffekt-Fahrzeuge gebaut und unter anderem nach Österreich und in die Bundesrepublik Deutschland exportiert. © LxAndrew

EKRANOPLANE

Rostislaw J. Alexejew (* 18. Dez. 1916 in Nowosybkow, † 9. Febr. 1980 in Gorki). »Vater« des Ekranoplan. © Unbekannt

Von Claude Dornier bereits in den 1920er und 1930er Jahren zur Verbesserung der Flugleistungen seiner Flugboote praktisch genutzt, führt das Wettrüsten (Kalter Krieg) in Ost und West mehr als 40 Jahre später in der Sowjetunion zur Entwicklung von Bodeneffektfahrzeugen.

Bereits im Zweiten Weltkrieg als Konstrukteur von Tragflügel-Kampfbooten tätig gewesen, ist auch dem sowjetische Schiffs- und Flugzeugkonstrukteur Rostislaw J. Alexejew bekannt, dass sich Flugzeuge in Bodennähe anders verhalten, als in der Höhe und so entwickelt er nach 1945 zunächst Tragflügelboote für den kommerziellen Personenverkehr, bis er die sowjetische Führung auch vom gewaltigen militärischen Potential der Bodeneffektfahrzeuge überzeugen kann.

Nicht wie Luftkissenfahrzeuge, sondern wie Flugboote operierend, erinnern auch Ekranoplane (Russ.: Schirmgleiter) an eine Kreuzung von Flugzeug und Schiff. Allerdings »flogen« sie nicht auf Luftkissen, sondern wurden von ihren Tragflügeln mit zunehmender Geschwindigkeit so hoch gehoben, dass der Rumpf keinerlei Kontakt mehr mit dem Wasser hatte. Tragflügelboote waren auf sparsamen Treibstoffverbrauch und große Reichweite

»Rheinpfeil« der Köln-Düsseldorfer Deutsche Rheinschiffahrt AG (KD) in voller Fahrt. Als Schiff der »Raketa«-Baureihe gebaut, eröffnete die KD 1972 den Express-Personenverkehr zunächst zwischen Köln und Koblenz und verkehrte von 1983 bis 1997 auf der Route Köln – Mainz – Köln. Mit Geschwindigkeiten von bis zu 65 Stundenkilometern war die »Rheinpfeil« das schnellste Fahrgastschiff auf dem Rhein. © Rolf Heinrich, Köln

oder große Nutzlast ausgelegt. Gleichwohl sind Bodeneffekt-Fahrzeuge letztendlich als »Flugzeuge« nur begrenzt einsatzfähig und weniger effektiv als Schiffe.

Offensichtlich war Rostislaw J. Alexejew nicht nur ein begnadeter Techniker und Konstrukteur, sondern auch ein guter Kaufmann. Denn trotz offensichtlichen Handikaps seiner Tragflügelboote, überzeugte er die sowjetischen Militärs, dass ihre Seekriegsflotte das Potential seiner Konstruktion im Rahmen der gerade zur Diskussion stehende »modernisierte« Strategie zur amphibischen Kriegführung optimal operativ nutzen könnte. Denn Ekranoplane schienen ideal geeignet, große Truppenkontingente über große Entfernungen transportieren sowie schnell und überraschend an den Stränden von Ostsee und Schwarzen Meer anlanden zu können.

Und so startet das »Entwicklungsbüro für Hydrofoilfahrzeuge Alexejew« eines der bis dato größten sowjetischen Geheimprojekte zur Entwicklung von Bodeneffekt-Fahrzeugen: »Ekranoplan«. Die Bezeichnung »Ekranoplan« ist eine Kombination der russischen Wörter »Ekran« = Schirm und »Planjor« = Gleitflugzeug.

KM – Kaspisches Seemonster

Als eine Art Prototyp wurde das erste Ekranoplan 1964/65 von Rostislaw J. Alexejew 1964/65 in Gorki entwickelt. Seine Kennung »KM« steht für Schiffsmodell oder -entwurf (Russ.: »Korabl« = Schiff und »Maket« = Modell).

Nach seiner Fertigstellung wurde KM aus Geheimhaltungsgründen demontiert und seine Einzelteile (Rumpf, Flügel) nur nachts von Gorki über die Wolga bis Kaspiysk am Kaspischen Meer transportiert. Dort nach rund einem Monat angekommen und montiert, startete KM – angetrieben von zehn Triebwerken – am 11. oder 18. Oktober 1966 zum Erstflug.

Kaum war KM am Kaspischen Meer eingetroffen, montiert und zu Wasser gelassen, als es auch schon von US-Spionagesatelliten gesichtet wurde. Allerdings glaubten die Amerikaner zunächst, ein unbekanntes, neues riesiges Wasserflugzeug entdeckt zu haben und tauften es »Kaspisches Seemonster«. Gelüftet wurde Russlands Geheimnis erst 1995, als der deutsche Fernsehsender ZDF in seinem Magazin »Frontal« exklusiv Filmaufnahmen eines Objektes veröffentlichte, das in eine dichte Gischtwolke gehüllt in nur wenigen Metern Höhe mit unglaublicher Geschwindigkeit über die Meeresoberfläche raste. Nun war offensichtlich, was die Russen am Kaspischen Meer erprobt hatten: Eine Mischung aus Flugzeug und Kriegsschiff, aus Raketenplattform und Landungsboot.

Entsetzt hatten die US-Militärs im Pentagon bereits in den 1970er/1980er Jahren erkennen müssen, dass die Russen ein Flug gerät geschaffen hatten, das nicht nur über Wasserflächen fliegen und fast überall landen und wieder starten, sondern auch über vereiste Tundraflächen von See aus praktisch jedes Gebiet erreichen könnte – ungehindert durch Wellengang, Gezeiten, Minenfelder oder niedrige Geländehindernisse.

In jüngster Zeit wurden KM-Fotos mit Kennungen bis »07« bekannt. Frage ist, ob es sich dabei um weitere Prototypen handelte oder ob vielleicht doch weitaus mehr KM gebaut wurden, als bisher bekannt ist.

Ein großer Nachteil des KM darf nicht unerwähnt bleiben: Tief über dem Meeresspiegel fliegend, erreichte es vollbeladen zwar Geschwindigkeiten von bis zu 500 Stundenkilometern, konnte aber nur bis zu einer maximalen Wellenhöhe von zwei Metern starten. Stabilitätsprobleme verstärkten dieses Manko und dies scheint auch der Grund zu sein, warum ein KM offensichtlich wegen eines Pilotenfehlers abstürzte und versank.

Bis zum Bau des strategischen Schwerlasttransportflugzeuges Antonow An-225 »Mriya« (Jungfernflug: 21 Dez. 1988) war KM das größte und schwerste Fluggerät der Welt.

Weitere sowjetisch-russische Entwicklungen

KM erfüllte alle Erwartungen und so konnte Alexejew – gestützt auf die mit seinen Fahrgastschiffen gesammelten Erkenntnissen – schon zu Beginn der 1970er Jahre einen zur Serienfertigung geeigneten Prototyp präsentieren. Es war ein Fahrzeug der späteren Lun-Klasse (Projekt 903; NATO-Code: Utka), das im Herbst 1972 erfolgreich seinen »Erstflug« absolvierte. Im Gegensatz zur ursprünglichen Planung sollten Lun überraschende, schnelle und flexible Angriffe gegen feindliche Kriegsschiffe durchführen und würden – im Tiefflug nur wenige Meter über der Wasseroberfläche operierend – von gegnerischen Sonar- oder Radargeräten nicht zu orten sein. Lun war etwa ein Fünftel kleiner als KM. Seine acht flügelinstallierten Triebwerke dienten primär dazu, KM auf der Wasseroberfläche zu beschleunigen, während zwei heckmontierte (im Seiten- beziehungsweise Höhenruder) Triebwerke und primär für den Flugmodus bestimmt waren.. Schwergewichtig (rund 400 Tonnen Höchststartmasse!) konzipiert, benötigte Lun zum Abheben hohe Vortriebskräfte. Trotz leis-

Ekranoplan KM 01 © airwar.ru

tungsstarken Triebwerken waren beim Start bis zum endgültigen Abheben von der Wasseroberfläche »Aufsetzer« fast unvermeidlich, weshalb die Lun-Klasse als Flugboot geplant worden war.

Äußerlich unterschieden sich KM und Lun besonders durch auf dem Rumpf montierte Zwillingsstarter für Marschflugkörper beziehungsweise Raketen.

Obwohl später noch ein zweites Lun-Fahrzeug, genannt »Spasatel«, als fliegendes und schwimmfähiges Lazarett mit Operationssaal und Intensivstation konstruiert, gebaut und erprobt wurde, endete mit dem Auseinanderbrechen der Sowjetunion auch das Lun-Projekt.

Erfolgreicher war das ebenfalls auf dem Lun-Projekt basierende und als mittelgroßer Transporter konzipierte A-90 Orljonok (Russ.: Adlerjunges). Im Herbst 1972 erfolgreich zum »Erstflug« gestartet, wurde das »Adlerjunge« sogar in geringer Zahl seriengefertigt und erst 1993 außer Dienst gestellt.

Im Pentagon wird man die Außerdienststellung und Einmottung der Ekranoplane erleichtert zur Kenntnis genommen haben. Schließlich betrachteten US-Militärs sie jahrzehntelang als eine der größten Bedrohungen der US Navy, obwohl die Kaspischen Monster sowjetische beziehungsweise russische Gewässer nie verlassen haben. Denn so glaubte man in den 1980er Jahren im Pentagon: Mit jedem Ekranoplan könnten die Sowjets unbemerkt von jedem Radarstrahl rund 850 Soldaten mit einer Geschwindigkeit von 800 Stundenkilometern an allen Küsten der Welt anlanden.

	KM	Lun-Klasse	Spasatel	A-90 Orljonjok
Besatzung	kA	15	9	6 – 8
Länge (m)	92,00	73,30	73,80	58,11
Spannweite, Flügel (m)	37,60	44,00	44,00	31,50
Spannweite, Höhenleitwerk (m)	37,00	kA	kA	kA
Höhe (m)	21,80	kA	19,20	16,30
Flügelfläche (m²)	662,50	kA	kA	304,60
Leermasse (t)	240	286	kA	120.000
Startmasse, max. (t)	544	380	400	140.000
Nutzlast (kg)	kA	kA	kA	20.000
Triebwerk	10 Strahltriebwerke Dobrynin WD-7	8 Turbojet Kusnezow NK.87M	8 x Kusnezow NK-87	2 x Turbojet Kusnezow NK-8-4K & 1 Turboprop Kusnezow NK-12
Schubleistung, max. (kN)	10 x 127,5	8 x 127,4	8 x 127,4	2 x 103, 1 x 152
Höchstgeschwindigkeit (km/h)	500	550	550	400
Marschgeschwindigkeit (km/h)	430	kA	20 – 100	350
Flughöhe, normal (m)	4 – 14	kA	1 – 5	2 – 10
Reichweite (km)	1500	ca. 2000	max. ca. 3000	1500
Bewaffnung	keine	Seezielflugkörper, Zwillings-MK	keine	1 Zwillings-MG Kaliber 14,5 mm

Ekranoplan KM 02. So plante die sowjetische Seekriegsflotte den Einsatz der mit Marschflugkörpern bewaffneten Lun-Klasse. © airwar.ru

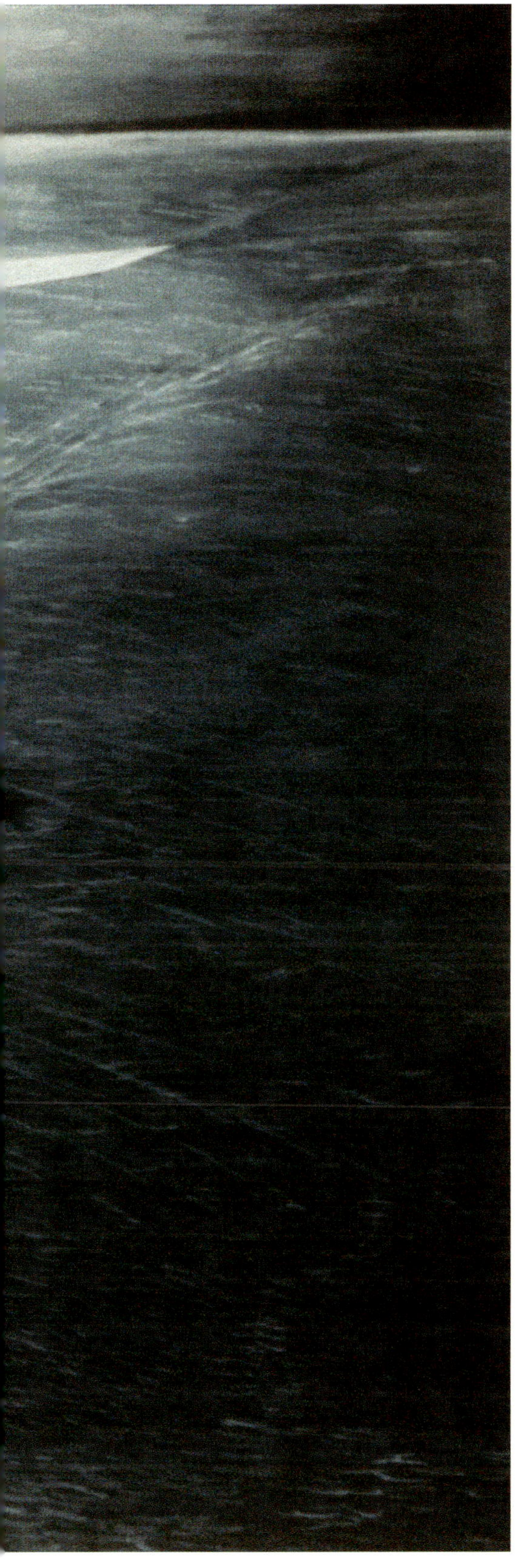

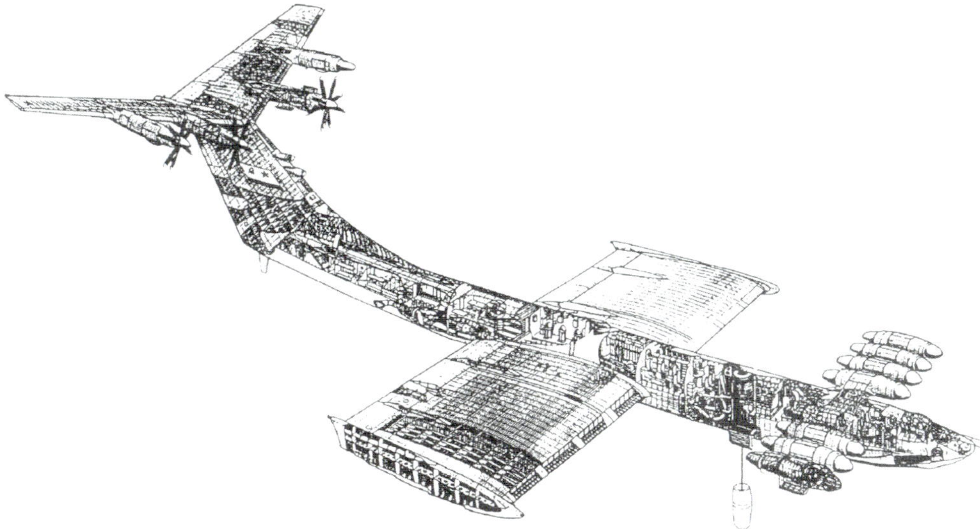

Früher Konzeptentwurf des KM © airwar.ru

Frontansicht eines Ekranoplan © airwar.ru

2010. Ausgemustert und abgestellt: Ein Lun-Fahrzeug. © Fred Schaerli

Modell des »Spasatel« als fliegendes und schwimmfähiges Lazarett dargestellt auf der EXPO 2000 in Hannover. Geplant waren 19 Sanitätspersonal und eine Lazarettkapazität von bis zu 500 Patienten. © Bassaar

A-90 Orljonok als Museumsstück in Moskau © Mike1979Russia

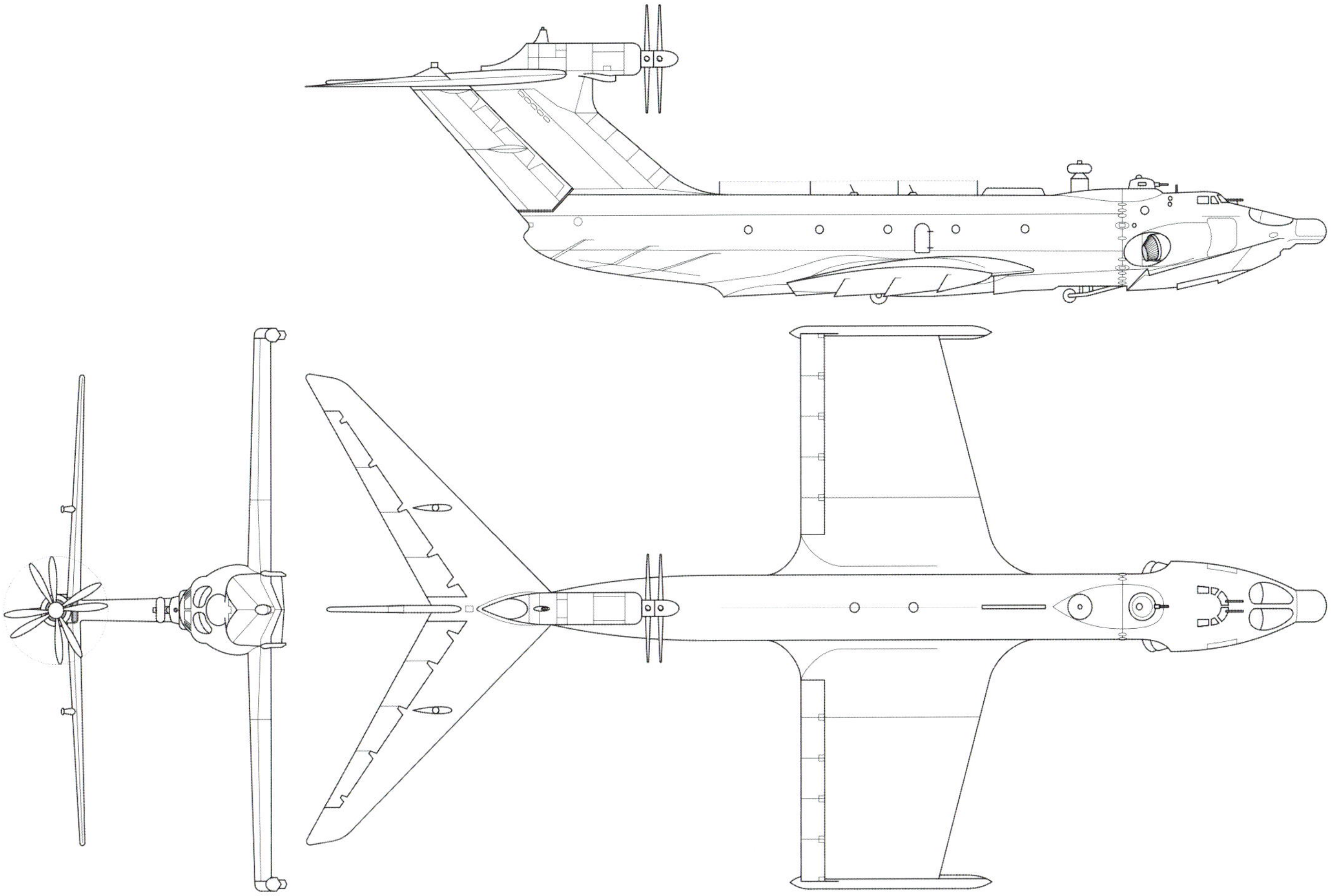

Zeichnung A-90 Orljonok © Kaboldy

Im Cockpit einer A-90 Orljonok © Alex Beltyukov

DEUTSCHE STAUFLÜGEL-FLUGGERÄTE

In der Bundesrepublik Deutschland wurden Bodeneffektfahrzeuge in erster Linie unter dem Begriff »Staufügel-Fluggeräte« des Flugzeugkonstrukteure Alexander Lippisch (* 2. Nov. 1894 in München, † 11. Febr. 1976 in Cedar Rapids (US-Bundesstaat Iowa) und des Forschers und Wissenschaftlers Günther W. Jörg (* 9. März 1927 in Zweibrücken, † 24. Nov. 2010 in Reinheim) bekannt.

Alexander Lippisch hatte sich bereits in den 1920er Jahren auf die Entwicklung schwanzloser Flugzeuge spezialisiert und widmete sich im Zweiten Weltkrieg – in Kooperation mit Heinkel und Messerschmitt – raketengetriebenen Konstruktionen. Als Leiter des Luftfahrt-Forschungsinstituts experimentierte er mit Deltaflügeln und Staustrahltriebwerken und erwarb sich einen so hervorragenden Ruf, dass er als einer von rund 450 deutschen Wissenschaftlern und Technikern im Rahmen des Geheimprojektes »Operation Overcast« im Sommer 1945 von den USA »rekrutiert« wurde.

In den USA zunächst insbesondere als Berater für Fragen des Delta-Flügels gefragt, war er ab 1950 für die Collins Radio Corporation tätig. Dort entstand 1963 mit der X-112 ein zweisitziges Staufügel-Fluggerät, das sich wie ein Flugzeug fliegen ließ und unter Nutzung des Bodeneffekts vom Wasser und Land eingesetzt werden konnte. In den USA Aerofoil-Boat (Flugflächenboot) genannt, verfügte dieses freiflugfähige Bodeneffektgerät über einen konventionellen Rumpf, in dem die beiden Besatzungsmitglieder hintereinander in einem offenen Cockpit saßen. Der buginstallierte 18 kW (25 PS) leistende luftgekühlte Motor verlieh der X-122 eine Höchstgeschwindigkeit von 124 Stundenkilometern.

Die Flügel waren als umgekehrte Delta-Flügel mit negativer V-Form konzipiert. An den Flügelspitzen waren Schwimmer angeordnet, an die sich nach oben abgewinkelte Flossen mit integrierten Querrudern anschlossen. Am T-förmigen Leitwerk waren herkömmliche Ruder angeordnet.

Bei der Erprobung zeigte X-112 so vielversprechende Leistungen, dass Lippisch 1966 die Lippisch Research Corporation gründete, die X-113Am konstruierte und dieses leistungegesteigtete Gerät in Deutschland bei der Rhein-Flugzeugbau (RFB) in Mönchengladbach bauen ließ. Anders wie bei der X-112 war der Motor (Nelson H63-CP, 29 kW/40 PS) auf einem Strebengerüst über dem Rumpf montiert und wirkte auf eine Zweiblatt-Luftschraube (Durchmesser 1,17). Als Einsitzer konstruiert, saß der Pilot in einem geschlossenen Cockpit.

Lippisch betonte beim deutsche Bundesverteidigungsministerium die militärischen Möglichkeiten seiner X-113 und prompt wurde RFB mit der Entwicklung eines taktischen Staufügel-Fluggerätes beauftragt. Es entstand die X-114. Sie übernahm die wesentlichen Aspekte der Vorgängermodelle, wurde jedoch von einem auf dem Rumpfrücken angeordneten Motor Lycoming IO-360 (147 kW/200 PS) angetrieben und erhielt Schwimmer mit Hydrofoils sowie eine ummantelte Fünfblatt-Luftschraube. Der geräumige Rumpf bot sechs bis sieben Personen Platz.

RFB konzipierte noch mindestens vier weitere Versuchsträger, die aber nicht realisiert wurden, da das Bundesverteidigungsministerium inzwischen nicht mehr an Staufügel-Fluggeräten interessiert war.

Noch während Lippischs X-113 gebaut und getestet wurden, bewies Günther W. Jörg als Forscher und Wissenschaftler und herausragender Fachmann von Bodeneffekt und Bodeneffektfahrzeugen schwerwiegen-

X-114 © Ziamene

1998. »Jörg 1« im Bodeneffekt fliegend, maximale Flughöhe 40 cm. © Schellhaas

de Schwächen dieser Konstruktion. So war es beispielsweise der Besatzung der X-113 nur kurzzeitig möglich, das Gerät im Bodeneffekt stabil zu führen. Jörg löste das Problem, indem er (beginnend 1963) ein sogenanntes Tandem Airfoil Flairboat (TAF) konstruierte. Seine Konstruktion verfügte über zwei hintereinander angeordnete Flügelpaare mit speziellem Rumpf, Seitenleitwerk und Luftschraube. Das Ergebnis war ein stabiler, sicherer Flug im bodennahen Bereich. Nachteilig war, dass das TAF an Wasserflächen gebunden war, den Bodeneffekt nicht verlassen durfte und folglich als Wasserfahrzeug zugelassen und als Boot klassifiziert wurde.

Insgesamt wurden drei TAF (Jörg 1, Jörg 2, Jörg 3) gebaut.

	X-112	X-113Am	X-114
Besatzung	2	1	1
Passagiere	-	6	7
Länge (m)	7,65	8,43	12,83
Spannweite (m)	4,27	5,89	7,00
Höhe (m)	kA	2,40 (später 2,00)	2,92
Flügelfläche (m^2)	10,22	13,00	29,10
Motor	kA	Nelson H63-CP	Lycoming IO-360
Motorleistung (kW/PS)	18/25	29/40	147/200
Startmasse (kg)	322	345	1500
Leermasse (kg)	168	kA	1040
Geschwindigkeit (km/h)	124	140	150
Dienstgipfelhöhe (m)	kA	800	800
Reichweite (km)	kA	kA	2000

R.HISEMAN

HOVERCRAFT SPORT

Wer jemals staunend erlebt hat, wie luftkissengestützte Seefähren oder militärische Landungsboote ungehindert und schnell anlanden oder von festem Untergrund beziehungsweise von Docklandungsschiffen ins Wasser gleiten, der muss von den Hovercraft-Sportlern erst recht begeistert sein! Es ist im wahrsten Sinne des Wortes atemberaubend, wie diese tollkühnen Männer und Frauen auf ihren (wie es in ihrem Jargon heißt) »schwebenden Matratzen« mit mehr als 100 Stundenkilometern über Land und Wasser, Eis, Schnee und Schlick »hovern«.

In Deutschland und Europa sind die Hovercraft-Sportler und -Vereine im Hovercraft Club von Deutschland e.V. beziehungsweise der European Hovercraft Federation verbunden. In der rund um den Globus aktiven World Hovercraft Federation sind fast 30 Ländervertretungen organisiert – von Angola bis USA, von Australien bis United Kingdom, von Belgien bis Neuseeland. Ihre Mitglieder (und Mitgliederinnen!) messen ihr sportliches und technisches Können in zahlreichen Wettbewerben und veranstalten lokale, nationale, Europa- und Weltmeisterschaften.

Luftkissenfahrzeuge werden in Deutschland meist als Motorboote zugelassen. Zulassungen und Kennzeichen müssen beim zuständigen Wasserschifffahrtsamt beantragt werden. Sobald Fahrer/Fahrerin einen Befähigungsnachweis (z. B. Sportboot Führerschein Binnen) vorlegen können, ist das Fahren auf zugelassenen Gewässern erlaubt – sofern nicht weitere lokale Vorschriften zu beachten sind. Für den öffentlichen Straßenverkehr können Luftkissenfahrzeuge nicht zugelassen werden.

Zur Teilnahme an Veranstaltungen müssen Teilnehmer Mitglied in einem Verein oder internationalen Verband sein und eine internationale Fahrerlizenz vorweisen. Zum Erhalt einer internationalen Fahrerlizenz müssen neun Läufe auf drei verschiedenen Veranstaltungen erfolgreich absolviert und eine Prüfung durch die Funktionäre bestanden werden.

Den Luftkissenfahrzeuge wird nach einer Erstabnahme eine internationale Startnummer zugeteilt. Vor jeder Veranstaltung werden die Fahrzeuge auf Einhaltung der internationalen Konstruktionsregelungen überprüft.

In 20 bis 30 cm Höhe auf ihrem Luftkissen über dem Untergrund schwebend, zählt »Hovern« zu den umweltfreundlichsten Motorsportarten. Um ein Rennen veranstalten zu können, genügen einige Bojen auf Wasserflächen und Markierungspunkte im Gelände. Der Aktionsradius auf Wasser und an Land ist fast unbegrenzt. Die meisten Sport-Crafts sind nur für eine Person ausgelegt. Wegen ihrer kleinen Bauweise sind diese Fahrzeuge für längere Fahrten ungeeignet. Es gibt aber auch spezielle, bequemere Fahrzeuge für zwei bzw. vier Personen.

Formelklassen (Deutschland)

Von den weltweit gültigen Formelklassen werden die folgenden in Deutschland gefahren:

Formel 1

unbegrenzt nach oben; mindestens Zweitaktmotoren über 600 cm³, Viertaktmotoren über 750 cm³

Formel 2

Zweitaktmotoren zwischen 250 und 600 cm³, Viertaktmotoren zwischen 500 bis 750 cm³

Formel S

ein unbegrenzter Motor, ein Antriebssystem

Formel 50

ein Rotax-503-Motor oder vergleichbar, mit genauen technischen Vorgaben wie Auspuff und Vergaser (ca. 50 PS)

Junior

Fahrer zwischen 11 und 16 Jahren, Schubbegrenzung auf 56 KG (gemessen mit Zugwaage)

Novizen

alle Formeln erlaubt, nur zum Lernen beziehungsweise prüfen der Kenntnisse; muss zum Erwerb einer Fahrerlizenz absolviert werden.

Sport-Hovercraft sind meist individuell gestaltet. Bausätze und/oder Komplettgeräte können von rund zehn Herstellern weltweit bezogen werden. Gleichwohl sind in den meisten Vereinen auch Formen vorhanden, über die Nachbauten angelegt werden können. Wer Rennen fahren will, kauft meist einen Bausatz und komplettiert das Fahrzeug individuell mit Motor und Anbauteilen. Als Schürzen verwenden die Sportler meist zwei Systeme, und zwar ein »Back Skirt«System, das aus einem geschlossenen Schlauch um die Schale besteht oder ein »Finger Skirt«-System, bei dem einzelne Stoffsegmente um den Schalenrand befestigt werden © René Kohl

Sportliches »Hovern« ist fast unbegrenzt überall möglich – egal ob auf Eis, Wasser oder Land, die tollkühnen Fahrer und Fahrerinnen erreichen Höchstgeschwindigkeiten von mehr als 160 km/h. Da der Bodenkontakt fehlt, wird ausschließlich mit dem Luftstrom gelenkt. Durch Gewichtsverlagerung des »Piloten« wird Luft auf der Seite abgeblasen und Kurvenfahrten ermöglicht. Gebremst wird durch ein komplettes Umdrehen des Fahrzeugs und anschließendem »Gas geben« zur Erzeugung eines Gegenschubs. Ansonsten fahren sich Sport-Crafts nach Aussagen ihrer »Piloten« wie ein Auto auf Glatteis!
© René Kohl

In den Schluchten des Kali Gandaki
© Misan Rai

LUFTKISSENBOOTE DURCHQUEREN DEN HIMALAJA

Dem Luftkissenfieber erlagen nicht nur Techniker, Kaufleute und Militärs, sondern auch namhafte Forscher. Heutzutage dürfte nur noch wenigen Luftkissen-Enthusiasten bekannt sein, dass der französische Ethnologe Michel Peissel (* 11. Febr. 1937 in Paris, † 7. Okt. 2011 ebenda) seine zahlreichen Studienreisen (unter anderem durch Mexiko, Indien, Bhutan und Nepal) durch eine Durchquerung des Himalaja mit Luftkissenbooten auf dem Kali Gandaki (deutsch: Schwarzer Gandaki) flussaufwärts krönte.

Bei seinen Expeditionen hatte Peissel sich Tausende Kilometer zu Fuß und per Maultier bergauf und bergab durch unwirtliche Regionen gekämpft und immer wieder gefragt: »Wir landen auf dem Mond, aber wieso besitzen wir kein brauchbares Transportmittel für diese Regionen?«

Erst als ihm 1970 die Fähigkeiten der Luftkissenfahrzeuge bewusst werden, ist er überzeugt, endlich seinen Traum verwirklichen, entlegenste Gebiete erschließen und Flussläufe wie Straßen nutzen zu können. Er beschließt, den mächtigen Kali Gandaki von Indien Richtung Tibet stromaufwärts zu befahren.

Als seine Pläne publik werden, erntet er – obwohl Luftkissen-Seefähren seit Jahren planmäßig den Ärmelkanal überquerten – anfangs nur Spott. Freunde und Bekannte halten ihn für wahnsinnig, Sponsoren winken ab und Journalisten amüsieren sich... Dennoch hält Peissel an seinen Plänen fest und stützt sich auf Beobachtungen, wonach selbst reißende Flüsse auf einem Kilometer nur um wenige Meter ansteigen und dieser Anstieg – argumentiert Peissel – so gering ist, dass man mit einem Auto eine solche Steigung kaum bemerken würde. Unterstützt und beraten wird er schließlich von Robert Trillo (ehemals persönlicher Assistent von Chistopher Cockerell). Trillo macht Peissel mit einigen britischen Luftkissenfahrzeugbauern bekannt und als eine dieser Firmen bankrott anmeldet, schlägt Peissel bei der Zwangsversteigerung zu und erwirbt drei Hovercraft. In den folgenden Monaten macht sich Peissel mit den Fahrzeugen vertraut, befährt in den spanischen Pyrenäen den Muga-Fluss und zeigen sich publikumswirksam in Frankreich und England auf Seine und Themse. Und nun bleibt der Erfolg nicht aus: Ein Verlag zahlt Peissel ein Vorabhonorar für ein Buch, Air France gewährt Freiflüge und auch die nepalesischen Behörden genehmigen die Expedition.

Am 8. März 1972 landen Michel Peissel und seine drei Luftkissenfahrzeuge in der nepalesischen Hauptstadt Kathmandu. In seiner Begleitung die übrigen beiden »Piloten« Michael Alexander, Buchautor und Gentleman aus gutem Hause sowie der australische Lebenskünstler Bob Corduke.

Die ersten Wochen der abenteuerlichen Reise sind erfüllt von Rückschlägen. Gleich die erste Fahrt auf dem Kosi, ein Nebenfluss des Ganges an der indisch-nepalesischen Grenze, beginnt mit einem Debakel. Cordukes und Alexanders Boote haben Motorpannen und nur Peissel meistert die Stromschnellen und erreicht das Basislager über Wasser. Die defek-

Auch so kann eine Expedition beginnen. Michel Peissel transportiert eines seiner Luftkissenboote auf dem Gepäckträger seine Pkw. © Michel Peissel

Start zu den ersten Fahrtversuchen auf dem Kosi, ein Nebenfluss des Ganges an der indisch-nepalesischen Grenze. © Michel Peissel

Luftkissenboot auf den wilden Wassern des Kali Gandaki © Michel Peissel

Der Kali Gandaki bei Kagbeni, nördlich des Hauptkamms des Himalaja, 2850 m Höhe. © Arne Hückelheim

ten Boote nebst Ersatzausrüstung werden von nepalesischen Trägern mühsam zum Basislager geschleppt. Aber die Pannenserie nimmt kein Ende. Immer wieder versagen Motoren, Vergaser oder Anlasser. Die Gummischürzen leiden unter dem scharfen Gestein im Flussbett und müssen mühsam von Hand geflickt werden.

Als lebensgefährlich erweisen sich die Propellerflügel. Die hochgezüchteten Motoren verursachen so starke Vibrationen, das sich die Schraubenbefestigungen lockern und die Propeller oft in tausend Stücke zerfetzen.

Dennoch bewährt sich Peissels Konzept. Trotz aller Rückschläge »fliegen« die drei Luftkissenboote reißende Flüsse hinauf, bewältigen bis zu einen Meter hohe Wellen und Stromschnellen. In wenigen Stunden legen sie auf dem Wasser Entfernungen zurück, für die sie sonst Tagesmärsche benötigt hätten.

Bedroht ist Peissels Expedition aber nicht durch Mängel der Luftkissenboote oder die Naturgewalten, sondern durch willkürliche Beamte der nepalesischen Behörden. Peissel erhält für einige vorgesehene Routen keine Genehmigung, muss immer wieder neu disponieren und seine

Hovercraft zu anderen Flüssen transportieren lassen. Sein Traum, den Oberlauf des Kali Gandaki zu befahren, wo der Fluss zwischen den mehr als 8000 Meter hohen Gipfeln des Dhaulagiri- und Annapurna-Massivs hindurchströmt und eingezwängt von 4000 Meter hohen Steilwänden das tiefste Durchbruchstal der Welt bildet, scheint in die Ferne gerückt. Ende Mai 1972 kehrt Peissels Team enttäuscht nach Kathmandu zurück. Es war beschämend, denn immerhin hatte Peissel vor der Presse in London noch geprahlt, mit seinen Luftkissenbooten bis in die Nähe des tibetischen Hochlandes auf 3000 Meter Höhe vorzudringen und nun durfte den Fluss nun nur bis auf 1500 Meter Höhe befahren werden.

Aber dann kommt in Kathmandu Hilfe von unerwarteter Seite: Ein nepalesischer General erbittet eine Demonstration der Luftkissenboote und möchte wissen, ob sie auch über Reisfelder »fliegen« können. Nach ihren Erfahrungen auf den reißenden Gebirgsflüssen, ist eine solche Demonstration für Peissel und seine Gefährten ein Kinderspiel. Die Reisfelder werden »überflogen«, der General ist begeistert und dann geht alles sehr schnell. Peissel erhält die Genehmigung für den Oberlauf des Kali Gandaki und darf sein Team samt Ausrüstung sogar mit dem königlichen Hubschrauber zum Fluss transportieren lassen. Auf 2100 Metern abgesetzt, bringen Peissel und seine Gefährten die Luftkissenboote zu Wasser und schweben ungehindert über den Fluss und durch sein Durchbruchstal und erreichen ihr Ziel: das 2670 Meter hoch gelegene Dorf Marpha. In Marpha angelangt, hat Peissels Team auf neun verschiedenen Flüssen insgesamt fast 2000 Kilometer auf Luftkissen zurückgelegt und auf dem Wasser des Kali Gandaki den Hauptkamm des Himalaja durchquert.

Michel Peissel am Ziel in Marpha. Der Hauptkamm des Himalaja ist auf Luftkissenbooten durchquert! © Michel Peissel

Immer wieder Reparaturen… © Michel Peissel

MODELLREGISTER

DANK

Rolf Bewersdorf, Deutsche Lufthansa AG

Neil Chapman, Hovertravel

Jacob Donohoe, Griffon Hoverwork

Walter Krobath, VISIONAER

Julia Menzer, Dornier Museum

Margot Nistl, Dornier Unternehmensarchiv

Michael Rausch sowie Mario & René Kohl, Hovercraft Club von Deutschland e.V.

Florian Schaffelhofer, MAN Engines

Ryan Schaffernocker, Textron Systems

QUELLEN

»ATLANTICO – PACIFICO – Lehrjahre des überseeischen Luftverkehrs«, Fr. Frhr. v. Buddenbrock, GFW-Verlag, Düsseldorf 1968

»Lufthansa Geschichte«, Chronik für die Mitarbeiter der Deutschen Lufthansa AG zum 50-jährigen Firmenjubiläum; Köln 1976

Die deutsche Luftfahrt:

Band 9 »Typenhandbuch der deutschen Luftfahrttechnik«, Bruno Lange, Bernard & Graefe Verlag, Koblenz 1986

Band 21 »Wasserflugzeuge – Flugboote, Amphibien, Schwimmerflugzeuge«, Hans-Jürgen Becker; Bernard & Graefe Verlag, Bonn 1994

»AERO – Das illustrierte Sammelwerk der Luftfahrt«, Heft 66, Seite 1843f

»Klassiker der Luftfahrt«, Heft 5/2009, Seite 8ff & Heft 6/2009, Seite 30ff

»Die Seestreitkräfte der Welt«, David Miller/ Wolfram Schürer; Verlag Stocker-Schmid, Dietikon-Zürich, 1993

»Die Geschichte der Fliegerei – vom ersten Doppeldecker bis zum modernen Airbus«, David Simons & Thomas Withington; Paragon Books Ltd, 2007

»The Hovercraft Story«, Ashley Hollebone; The History Press, 2011

»The Hovercraft – A History«, Ashley Hollebone; The History Press, 2012

Luftwaffe: Notlandungen in Dänemark | Das große Museum in Hermeskeil | News
Air-to-Air-POSTER North American T-6
Antonow A-40
Der fliegende Pa
P-51D „Frances
Die neueste Mus
Fw 190 in Russl
Beuteflugzeug
Museum Ankara | Neuigkeiten aus der historischen Luftfahrt | P-51-Einsatzbericht
Klassiker der Luftfahrt
Das Magazin für Luftfahrtgeschichte
04 | 2021
Motor
Vierfach-Stern Wasp Major
Die ersten Fallschirme
Absprung für die Forschung
Junkers Ju 87 G
Das Ende der Stukas
Trainer North American Yale
So fliegt sich der wuchtige Oldie
50 Jahre Grumman F-14 Tomcat
Die legendäre Katze
Schwimmerflugzeug Aichi E13A
Japans Topaufklärer auf See
Beuteflugzeuge Teil III
Deutsche Zerstörer in der Sowjetunion
Lockheed F-104-Galerie
Tarnung und Lackierungen
Unfallanalyse
Tödliche Fehler beim Ju-Absturz in den Alpen
Deutschland 6,50 €
Fliegende Legenden
Jetzt zwei Ausgaben gratis testen!
www.klassiker-der-luftfahrt.de/probelesen